和乐茶韵

张海 编著

武汉大学出版社

图书在版编目(CIP)数据

和乐茶韵／张海编著． -- 武汉：武汉大学出版社,2024.12.
ISBN 978-7-307-24568-6
Ⅰ．TS971.21-49
中国国家版本馆 CIP 数据核字第 2024U6C458 号

责任编辑:黄金涛　　　责任校对:汪欣怡　　　版式设计:韩闻锦

出版发行:**武汉大学出版社**　（430072　武昌　珞珈山）
　　　　　（电子邮箱:cbs22@whu.edu.cn 网址:www.wdp.com.cn）
印刷:湖北云景数字印刷有限公司
开本:787×1092　1/16　　印张:15.5　　字数:308 千字　　插页:2
版次:2024 年 12 月第 1 版　　2024 年 12 月第 1 次印刷
ISBN 978-7-307-24568-6　　定价:69.00 元

版权所有,不得翻印;凡购买我社的图书,如有质量问题,请与当地图书销售部门联系调换。

各册编委

二年级上册
主任：张　海
编委：王海燕　梁君茹　郭怡慧

二年级下册
主任：张　海
编委：王海燕　沈彦雪　王友君

三年级上册
主任：张　海
编委：梁君茹　郑玉梅　李　倩

三年级下册
主任：张　海
编委：李晓敏　郭长聪　刘祥云

四年级上册
主任：张　海
编委：林凡红　康丽萍　郑晓泽

四年级下册
主任：张　海
编委：董　波　卢世鹏　窦晓慧

五年级上册
主任：张　海
编委：郭长喜　金　玲　邓　琳

五年级下册
主任：张　海
编委：陈长海　王　颢　赵荣丽

六年级上册
主任：张　海
编委：任白冰　司张健　朱永芳

六年级下册
主任：张　海
编委：秦四忠　崔帅龙　崔久霞

目　　录

二年级(上册) ·· 1
  第1课　茶之源 ·· 3
  第2课　茶言茶语——听童谣 ·· 4
  第3课　农人辛苦绿苗齐 ··· 6
  第4课　茶之美——词语 ··· 7
  第5课　美丽的"茶"字 ·· 9
  第6课　正确的姿势和呼吸 ·· 11
  第7课　单手位 ··· 14
  第8课　走进茶　认识茶 ··· 16
  第9课　茶韵流传 ·· 18
  第10课　茶之礼——尊敬之心 ·· 20

二年级(下册) ·· 21
  第1课　茶之类 ··· 23
  第2课　茶言茶语——听成语 ··· 25
  第3课　茶花开遍富万家 ··· 27
  第4课　茶之美——句子 ··· 29
  第5课　线绘茶叶 ·· 31
  第6课　统一发声 ·· 33
  第7课　压胯 ··· 36
  第8课　茶的种植 ·· 38
  第9课　第一个吃茶的人 ··· 40
  第10课　茶之礼——奉茶 ·· 42

三年级(上册) ·· 43
  第1课　茶之美(上) ··· 45

1

第 2 课　茶的起源与传说	47
第 3 课　春来茶香嫩芽鲜	49
第 4 课　童心书茶语	51
第 5 课　茶叶书签	52
第 6 课　声音处理的基本技巧	55
第 7 课　前抬腿	57
第 8 课　给茶树施肥	59
第 9 课　舌尖上的茶味（其一）	62
第 10 课　茶之礼——习茶礼仪	63

三年级（下册） ………………………………………………… 65

第 1 课　茶之美（下）	67
第 2 课　茶的分类与传说	70
第 3 课　君子之交淡如"茶"	72
第 4 课　童心书茶语	74
第 5 课　茶的花衣裳	76
第 6 课　咬字、吐字练习规律	78
第 7 课　后抬腿	81
第 8 课　茶叶的几种病虫害	83
第 9 课　舌尖上的茶味（其二）	87
第 10 课　茶之礼——品茶	91

四年级（上册） ………………………………………………… 93

第 1 课　茶之路（上）	95
第 2 课　茶与人生——苏轼、唐寅	97
第 3 课　茶诗悠悠茶韵浓	100
第 4 课　家乡的茶园	102
第 5 课　我是茶具设计师	104
第 6 课　正确地打开腔体	106
第 7 课　压腿	109
第 8 课　茶叶的包装	111
第 9 课　不同茶的冲泡方法	113
第 10 课　中国茶道文化——茶与佛	115

四年级(下册) ... 117

- 第1课　茶之路(下) ... 119
- 第2课　茶与人生——老舍 ... 121
- 第3课　茶性高洁不可污 ... 123
- 第4课　家乡的茶 ... 125
- 第5课　欢庆茶丰收 ... 127
- 第6课　如何用气息支持声音 ... 129
- 第7课　掰膀子 ... 132
- 第8课　茶叶的销售 ... 134
- 第9课　认识茶具及泡茶的基本礼仪 ... 136
- 第10课　中国茶道精神 ... 139

五年级(上册) ... 141

- 第1课　茶之圣 ... 143
- 第2课　茶乡传奇——南茶北引 ... 145
- 第3课　品茶 ... 148
- 第4课　茶香校园 ... 150
- 第5课　印象里的茶 ... 151
- 第6课　视唱练耳训练 ... 154
- 第7课　波浪 ... 156
- 第8课　采茶 ... 158
- 第9课　茶与健康之养生 ... 160
- 第10课　中国茶道文化——茶与儒 ... 162

五年级(下册) ... 165

- 第1课　茶之话 ... 167
- 第2课　茶乡传奇——百里绿茶长廊 ... 169
- 第3课　坐饮香茶爱此山 ... 172
- 第4课　茶香校园 ... 173
- 第5课　我和乐娃的故事 ... 175
- 第6课　音准训练 ... 176
- 第7课　脚位 ... 179
- 第8课　制茶 ... 181

第9课　茶与健康之保健 …………………………………………… 184

　　第10课　中国茶道文化——茶与道 …………………………………… 186

六年级（上册） ………………………………………………………… 189

　　第1课　寻根——日照"南茶北引"的历史 …………………………… 191

　　第2课　茶叶发展史 ……………………………………………… 193

　　第3课　赞茶 ……………………………………………………… 196

　　第4课　茶润心灵 ………………………………………………… 198

　　第5课　中国画里的茶文化 ……………………………………… 200

　　第6课　头腔共鸣的重要性 ……………………………………… 202

　　第7课　前踢腿 …………………………………………………… 208

　　第8课　巨峰绿茶的线上销售 …………………………………… 210

　　第9课　优雅的品茶艺术——绿茶的冲泡 ……………………… 212

　　第10课　茶之情 …………………………………………………… 214

六年级（下册） ………………………………………………………… 217

　　第1课　展望——北国茶乡发展现状及前景 …………………… 219

　　第2课　茶叶发展史——从中国走向世界 ……………………… 222

　　第3课　茶香如歌 ………………………………………………… 225

　　第4课　最爱茶乡 ………………………………………………… 227

　　第5课　中国画——茶 …………………………………………… 229

　　第6课　和乐茶音歌声飞扬 ……………………………………… 231

　　第7课　后踢腿 …………………………………………………… 234

　　第8课　茶叶的红利 ……………………………………………… 236

　　第9课　茶艺表演 ………………………………………………… 238

　　第10课　茶香袅袅润校园 ………………………………………… 240

二年级(上册)

第1课 茶 之 源

茶,发于神农,闻于鲁周公,兴于唐朝,盛于宋代。中国茶文化糅合了中国儒、道、佛诸派思想,独成一体,是中国文化中的一朵奇葩,芬芳而甘醇。

问题与思考

同学们,我们身处北国茶乡,你对茶的起源有怎样的了解呢?

交流分享

中国是世界上最早发现和利用茶树的国家,自古以来,我国西南地区就有许多关于茶树的记载。近年来,科学家用生物、化学的方法断定,云南茶树是现在所有茶树中最古老的原始类型之一。

● 别名和雅称

茶最常用的别名当数"茗",茶即是茗,茗即是茶。由此派生的则有茶茗、茗饮。根据特点而来的别称有苦口师、冷面草、余甘氏、森伯、离乡草。根据功用而来的别称有不夜侯、涤烦子等。

再说雅称和美称。唐宋时流行团饼茶,于是有月团、金饼等雅称。此外,嘉木、清人树、瑞草魁、凌霄芽、甘露、香乳、碧旗、兰芽、金芽、雪芽玉蕊、琼蕊、绿玉、琼屑等都是茶的美称。从这些美称,可以看出世人对茶的喜爱和推崇。

收获与分享:

你喜欢的茶的雅称是什么?为什么?

_____
_____

第 2 课　茶言茶语——听童谣

童谣就是童年的歌谣，在妈妈的怀抱中，在外婆的摇篮里，在我们的校园中，多少美丽的童谣伴随着我们健康地成长。有关茶的童谣你听过多少？

儿童茶谣

世间好茶多，各地差异大，
有爱喝龙井，有爱喝菊花，
有爱大红袍，有爱随行家，
红绿黑白砖，普洱猴魁佳，
毛峰观音在，瓜片亦可夸，
爷爷独一乐，街前大碗茶。

问题与思考

1. 你喜欢童谣吗？为什么喜欢童谣？
2. 在这首童谣中，你听到了哪些关于茶的知识？

交流与评价

巨峰，江北绿茶第一镇，为日照绿茶的主产区。身为茶乡人，你对巨峰茶叶的了解有多少？

资料链接

中国茶叶历史悠久，种类繁多。按照加工工艺的不同将茶叶分为绿茶、红茶、乌龙茶、白茶、花茶、紧压茶和速溶茶等几大类。

绿茶是所有茶中历史最悠久的，是中国人饮用最广泛的一种茶品，绿茶产地广泛，全国各地大多有种植。绿茶属不发酵茶，特色是汤清叶绿，名茶有龙井、碧螺春、黄山毛峰、太平猴魁等。茶叶翠绿，茶汤绿黄色。原料主要是嫩芽、嫩叶，不适合久置。绿茶富含叶绿素、维生素 C，有清新的绿豆香，味清淡微苦。

收获与分享：

  1. 通过这一节课的学习，你有什么收获？快来与其他同学分享吧！

  2. 熟练地诵读童谣，并把它背给家人听。

第3课　农人辛苦绿苗齐

送 茶

蓝花碗，口儿圆，
我送香茶到田间。
犁田叔叔喝一碗，
一犁犁到天边边。

读一读

童谣读起来朗朗上口，请你大声读一读这首童谣吧。

问题与思考

读了这首童谣，你是否体会到了农民伯伯的辛苦？

想一想

同学们，爸爸妈妈每天都忙碌在茶园，你是不是也想帮一帮他们？请同学们到茶园去劳动吧，体会爸爸妈妈的辛苦。

实践创新

绿油油的茶田，洒落着农民伯伯的汗水，他们真辛苦！你能试着给这首童谣配一幅画吗？

第4课　茶之美——词语

问题与思考

1. 你到过茶园，见过茶树吗？它们是什么样子的？试着说一说。
2. 如果让你用一个词说一说茶的特点，你会用哪个词呢？

资料链接

绿
（节选）

作者：艾青

好像绿色的墨水瓶倒翻了
到处是绿的……
到哪儿去找这么多的绿：
墨绿、浅绿、嫩绿、
翠绿、淡绿、粉绿……
绿得发黑、绿得出奇；
……

你发现了什么？试着和同桌说一说吧！

活动广角

我们来比一比谁说出的颜色更多吧,找一找它们藏在大自然的哪里?

收获与分享:

这节课你收获了什么?记住了哪些表示颜色的词语?把它们说给同学听听吧!

交流与评价

这堂课我的表现:

自　评　☆☆☆☆☆

小组评　☆☆☆☆☆

老师评　☆☆☆☆☆

第5课 美丽的"茶"字

"茶"这个字你一定很熟悉，我们的家乡巨峰镇是著名的茶乡，大街小巷随处可见"茶"字。

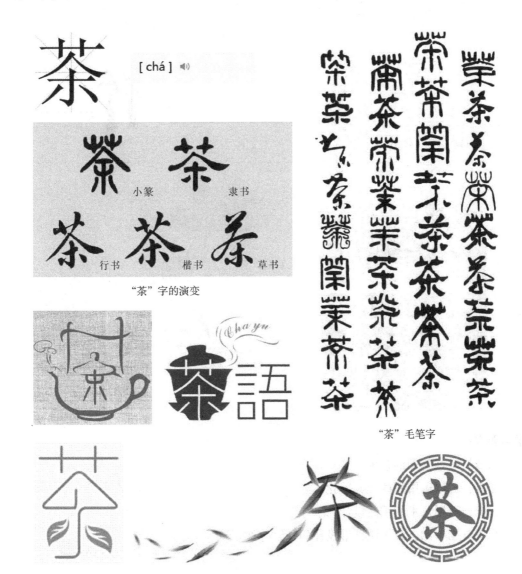

和乐茶韵

学习提示

设计艺术字时，注意颜色和图案的搭配。

学生作品

学习要求：

欣赏：欣赏不同的艺术字。

思考：可以运用哪些元素美化"茶"字？

尝试：运用艺术的手法设计"茶"字。

交流：比一比，说一说，谁设计的"茶"字更漂亮。

第6课　正确的姿势和呼吸

正确的演唱姿势有助于获得良好的呼吸支持，呼吸技巧是唱歌技巧的基础之一，只有在掌握了正确的呼吸技巧时才有可能产生良好的歌唱声音。

因此训练一开始首先强调要有一个正确的姿势。

1. 坐姿

坐着排练时规定身体的前半部不靠椅背、上身垂直、双脚平放地上，两肩下垂、眼睛正视、双颊微笑向上、提眉。头略向后，面部肌肉生动自然、注意力高度集中、精神饱满。

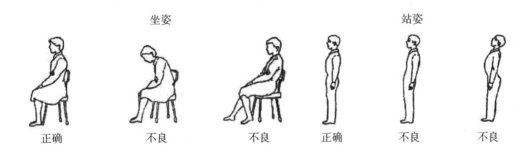

2. 站姿

站立时与上述要求完全相同，双脚略分开、身体重心要落在一虚一实的双腿上，脚跟虚而脚尖实。这样一种姿势有助于获得良好的呼吸支持，是最好的歌唱发声状态。

呼吸是发声活动的原动力，由浅入深逐渐引导大家掌握好强、弱、快、慢各种气息的运用。歌唱的呼吸要深一些，气息控制在下肋周围，形成歌唱发声的支持点。要经常纠正呼吸紧张、吸气过多、发出声响、耸肩颈粗等不良习惯。了解歌唱气息用法，让学生双手掐于腰上，张嘴呼吸感知口腔打开和呼吸所带来的横膈膜扩张和腰的外扩（在这里，胸式呼吸与腹式呼吸的区别及各种细节有待考察）。

认识音阶：

简谱：1 2 3 4 5 6 7

音名：C D E F G A B

唱名：do re mi fa sol la si

练声曲：

低年级：

1=D 2/4   1 2 3 4 | 5— | 5 6 5 6 | 5— |
            6 5 4 3 | 2— | 5 4 3 2 | 1— ‖

师：小朋友唱 la，生：lala lala la lolo lolo lo。

师：小朋友唱 Li，生：lili lili li lulululu lu。

说明：此曲仍然是教学生练习 a、o、ei、v、i、u 的唱法。

1=D 2/4 《火车来啦》

5 6 5 4 | 3 4 | 5 5 | 5— | 5 5 | 5— ‖
(师)火车 火车 来了(生)呜 呜 呜   呜 呜 呜

说明：练习 U 的发声与咬字，注意学生的口型。

《儿童茶谣》

世间好茶多，各地差异大，有爱喝龙井，有爱喝菊花，
有爱大红袍，有爱随行家，红绿黑白砖，普洱猴魁佳，
毛峰观音在，瓜片亦可夸，爷爷独一乐，街前大碗茶。

说明：诵茶谣时，可以让学生配节奏进行诵读，培养孩子的节奏感。

谱例及训练要领：

注释：这首歌曲作为完整曲目练习的第一首，所起到的作用是灵活运用气息连贯活

时间像小马车

晓笛 词
夏志岐 曲

1 = F 2/4
稍快

3 32 | 1 1 0 | 4 43 | 2 2 0 | 5 5 6 7 |
时 间像 小 马 车， 时 间像 小 马 车， 答答答答
时 间像 小 马 车， 时 间像 小 马 车， 答答答答

1 2 3 4 | 5 5 | 5 - | 6 6 6 5 | 4 4 4 0 | 5 5 5 4 |
答答答答 向前 跑， 你我同坐 一班车， 你我同坐
答答答答 向前 跑， 大家各自 做什么？ 大家各自

3 3 3 0 | 6 5 4 3 | 5 4 3 2 | 5 5 6 7 | 1 - |
一 班车， 答答答答 答答答答 谁也少不 了。

泼地唱出跳音乐句。这样有利于初学儿童对气息的控制以及对歌唱产生兴趣。注意这首歌曲在教唱时一定要注意渐强、渐弱的处理，以表现出儿童活泼可爱的特点。

演唱台

通过今天的学习，你对所学歌曲掌握得怎样？请大声唱出来和我们分享一下吧！

第7课 单 手 位

技能学习

音乐四二拍

[前奏]准备动作,"背手、双跪坐",身向"2点"方向,看向"1点"方向。

[1]—[4]右手经"盖手"在身前画一"立圆"再向旁拉开至"单山手"位。

[5]"压腕"成"单山手",同时看向"1点"方向。

[6]—[8]静止。

[9]—[12]右手经"晃手"一周再向下至"单按手"位。

[13]"压腕"成"单按手",同时看向"1点"。

[14]—[16]静止。

第二遍音乐

[1]—[4]右手经"撩手"至"单托手"位。

[5]推腕成"单托手",同时看向"1点"。

[6]—[8]静止。

[9]—[12]右手顺原路线还原成"背手"。

[13]—[15]右、左、右倾头三次,看向"1点"。

[16]头还原看向"1点"。

舞蹈组合学习

采茶基本动作组合

注意事项

第一,手动眼随。

第二,从手指尖到小臂、肘、上臂要保持圆弧形。

第三,手的运动路线也要沿圆弧形。

教师从开始授课时就应注意：

第一，做动作时切记不要耸肩。

第二，要使学生逐渐了解圆的动作审美感觉，因为"圆"是中国舞的重要特征之一。

第三，应及时提示学生认识动作名称术语，如：经过"盖手"、"晃手"、"撩手"时，都要指出该动作名称和形态。

第四，应随音乐数出节拍，让学生认识音乐节奏，尤其对于初学者。教师在授课中，要为学生做示范动作。在学习过程中，肯定完成动作较好的学生，并可让她（他）表演给同学看；也要指出学生动作的错误之处，让学生能分辨出正确与错误。总体的方法是以肯定和鼓励为主，激发学生的自信心和兴趣。

展示台

回家向自己的爸爸妈妈，说一说你学到了哪些舞蹈知识？

第 8 课　走近茶　认识茶

> **问题与思考**
>
> 你知道我们喝的茶是怎么制作出来的吗？

> **学习目标**

1. 走近茶树，认识茶树。
2. 学习如何种植茶树，了解茶树的栽种方法。

> **观察交流**

走进茶园，认识茶叶树

说一说：走进茶园，满眼绿绿葱葱，你有什么感受？仔细观察茶叶树的样子，用自己的话说一说。

第9课　茶韵流传

同学们喜欢喝茶吗？中国自古以来就有喝茶的习俗，中国人饮茶饮了几千年，开始是将茶作为药物，然后作为食物，后来成为饮料，大体上经过了吃、喝、饮、品四个阶段。

问题与思考

在我国的茶文化中，喝茶为什么被称为吃茶，有着什么发展史呢？

交流分享

茶之为用，最早是从咀嚼茶树鲜叶开始的，而"第一个吃螃蟹者"是神话人物神农，相传他"日中七十二毒"，就是吃了茶树鲜叶才化解的。正是神农的示范效应，引得了世人的吃茶之举渐成风气。

吃茶也有其本来的意思——喝茶。在华东一带盛产品质好的茶叶，所以华东地区的人们喝茶时，不小心把茶叶喝到嘴里，是不会吐出来的，而是把茶叶嚼碎，吞入腹中。吃茶即喝茶一义由此而来。在婚俗中，"吃茶"意味着许婚，即旧时女子受聘于男家。

从吃茶到饮茶发展演变的四个阶段

饮茶最初起源于吃茶。这一演变过程大致经历了四个阶段。

第一阶段：生吃药用。

早在距今6000年左右的神农时代，人们偶然发现茶叶具有解毒的作用，便将之用于疗疾。在晴天把鲜叶放在阳光下晒干，以便随时取用干吃，遇到下雨时节，鲜叶无法晒干，就把摊凉的茶叶压紧放在瓦罐里，日久便可直接食用。

第二阶段：熟吃当菜。

因为茶叶干吃难以下咽，人们便想到了烹煮食用。他们将新鲜的茶叶晒干后放在锅里蒸煮，等叶子变软后，放在竹帘上揉搓做成竹筒茶当作蔬菜食用。

第三阶段：烹煮饮用。

随着社会的不断发展与进步，人们发现茶叶经过加工烹煮饮用不仅能够提神解渴，而且能享受到茶叶的清香鲜爽。于是，人们开始习惯于将干茶叶煮后饮用。

第四阶段：冲泡饮用。

在唐朝，盛行蒸青团饼茶。明代以后发展为炒青散茶。饮用方法也随之由烹煮改为冲泡。这是饮茶文化的一大飞跃。

收获与分享：

从吃茶到饮茶发展演变的四个阶段。

_____

_____

第10课　茶之礼——尊敬之心

资料链接

中国是文明古国，礼仪之邦。《荀子·修身》中说"人无礼则不生，事无礼则不成，国家无礼则不宁"。在中国几千年的历史中，礼仪无处不在。

问题与思考

家里如果来了客人，我们应该如何招呼客人？

"客来敬茶"，这是中国人最早重情好客的传统美德与礼节。喝茶，是早已进入平常百姓家的事情，对于老百姓来说，茶——既可以解渴，又是待人接物、礼尚往来的桥梁。

我们要尊敬每个来访的朋友，平等对待。沏茶前，一定先问问客人喜欢喝什么，如果喜欢喝茶，再问问喜欢什么茶，然后拿出最好的茶款待客人，客人不喜欢喝茶，可以换成客人接受的其他饮品，如白开水、咖啡、果汁等。

宾客临门，一杯香茗，既表达了对客人的尊敬，又表示了以茶会友、谈情叙谊的至诚心情。同时，饮茶的地点应尽可能打扫得干净，选择的茶具和用水必须清洁卫生，茶叶的选择亦必须是家中所存茶叶中的上品。

交流与评价

家里来客人时，你是个合格的小主人吗？

收获与分享：

通过今天的学习，你有什么收获？与大家分享一下吧！

二年级(下册)

第1课 茶 之 类

中国茶文化博大精深，源远流长。在漫长的历史发展过程中，我国历代茶人创造性地开发了各种各样的茶类，外加茶区分布广泛，茶树品种繁多，制茶工人不断的革命创新，形成了丰富多彩的茶类。

交流分享

根据2014年10月27日正式实施的"茶叶分类"国标中，明确将我国茶叶产品分为绿茶、红茶、黄茶、白茶、乌龙茶、黑茶和再加工茶。

一、绿茶

绿茶是未经发酵制成的茶，是将采摘来的鲜叶先经高温杀青，杀灭各种氧化酶，保持茶叶绿色，然后经揉捻、干燥而制成，清汤绿叶是绿茶的共同特点。绿茶又分为炒青绿茶、烘青绿茶、晒青绿茶、蒸青绿茶。

二、红茶

红茶为我国第二大茶类。属全发酵茶，是以适宜的茶树新芽叶为原料，经萎凋、揉捻(切)、发酵、干燥等一系列工艺过程精制而成的茶。具有红茶、红汤、红叶和香甜味醇的特征。按照其加工的方法与出品的茶形，一般又可分为三大类：小种红茶、工夫红茶、红碎茶。

三、乌龙茶

乌龙茶综合了绿茶和红茶的制法，其发酵程度介于绿茶和红茶之间，既有红茶的浓鲜味，又有绿茶的清芬香，并有"绿叶红镶边"的美誉。乌龙茶为中国特有的茶类，主要产于福建的闽北、闽南及广东、台湾地区。其中大红袍享有极高声誉，可谓乌龙茶中的"茶中之圣"。

四、黄茶

黄茶的品质特点是"黄叶黄汤"。这种黄色是制茶过程中进闷堆渥黄的结果。黄茶是沤茶，在沤的过程中，会产生大量的消化酶，对脾胃最有好处，消化不良、食欲不振、懒动肥胖都可饮而化之。黄茶的种类，按其鲜叶的嫩度和芽叶大小，分为黄芽茶、黄小茶和黄大茶三类。

五、白茶

属轻微发酵茶，是我国茶类中的特殊珍品。因其成品茶多为芽头，满披白毫，如银似雪而得名。具有外形芽毫完整，满身披毫，毫香清鲜，汤色黄绿清澈，滋味清淡回甘的品质特点。中医药理证明，白茶性清凉，具有退热降火之功效，防暑、解毒、治牙痛，海外侨胞往往将银针茶视为不可多得的珍品。白茶的主要品种有银针、白牡丹、贡眉、寿眉等。

六、黑茶

黑茶为中国特有的茶类。因茶叶颜色呈乌黑状，所以称为黑茶。属后发酵茶，主产区为湖北、湖南、陕西、云南等地。黑茶按地域分布，主要分为湖南黑茶(茯茶)、四川藏茶(边茶)、云南黑茶(普洱茶)、广西六堡茶、湖北老黑茶及陕西黑茶(茯茶)(俗称黑五类)。

收获与分享：

你对什么茶最感兴趣？搜集一下相关资料，再来交流一下吧！

第 2 课 茶言茶语——听成语

成语是我国传统文化的瑰宝,是历史的积淀,每一个成语的背后都有一个含义深远的故事,是我国几千年来人民智慧的结晶。关于茶的成语,你了解多少?

成语:粗茶淡饭

基本释义:

粗:粗糙;淡饭:指没有多少下饭的菜。粗茶淡饭指粗糙简单的饭食,形容生活俭朴清苦。也作"淡饭粗茶"。

出自:宋代黄庭坚的《四休居士诗三首并序》:"自号四休居士。山谷问其说,四休笑曰:'粗茶淡饭饱即休。'"

近义词:家常便饭、粗衣粝食

问题与思考

1. 谈谈你对"粗茶淡饭"的理解,你能说出你吃过的几种"粗茶淡饭"吗?
2. 你能用"粗茶淡饭"说几个句子吗?

交流与评价

生活中,我们经常可以看到这样的场面:"乖宝宝,先把饭吃了,就可以吃薯片了。""不要,我现在就要吃薯片!""你必须得把青椒吃了,不然别想吃鸡腿!""儿子,快来吃饭了!"如果是你,你会怎样做?

资料链接

人们常说,"粗茶淡饭延年益寿",那么粗茶淡饭到底是什么?"粗茶"是指较粗老的茶叶,与新茶相对。尽管粗茶又苦又涩,但含有的茶多酚、茶单宁等物质对身体很有益处。"淡饭"还有另外一层含义,就是饮食不能太咸。

很多人把"淡饭"和粗粮、素食等同起来。其实,"淡饭"是指富含蛋白质的天然食物。它既包括丰富的谷类食物和蔬菜,也包括脂肪含量低的鸡肉、鸭肉、鱼肉、牛肉等。医学研究表明,饮食过咸容易引发骨质疏松、高血压,长期饮食过咸还可致中风和心脏病。要想身体健康,正确、合理、科学的饮食方法是以蔬菜等植物性食物为主,注意粮豆混食、米面混食,适当辅以包括肉类在内的各种动物性食品,常喝粗茶。

收获与分享:(做一做)

1. 通过这一节课的学习,你有什么收获?快来与其他同学分享吧!
2. 学做一顿"粗茶淡饭"给自己的家人吃。

第 3 课 茶花开遍富万家

茶 乡 童 谣

矮矮丫,开白花,
绿千岭,富万家。
长的矮矮丫,
开的白白的花。
绿了那个千千岭,
富了那个万万家。

> **交流与探讨**

巨峰是绿茶之乡,你一定见过它们吧,你见到的"茶"是什么样子呢?跟小伙伴交流交流吧。

> **问题与思考**

漫山遍野的绿茶,鼓了农民伯伯的口袋,富裕了千家万家。那你见过开花的茶树

27

吗?你知道它们大多是几月份开花吗?

配乐朗读

读完这首童谣,你一定有自己的感受,那你能配上音乐,有感情地读一读吗?试着读出它的节奏来。

第4课 茶之美——句子

问题与思考

你听到过别人赞美茶叶吗？都是怎么赞美的？

资料链接

月光下饮一杯春的味道，
今夜，
是否会有江南细入梦。

压一饼春的绿色，
在岁月中沉淀，
留一份醇厚在远方。

活动广角

比一比谁能搜集到更多描写茶的优美句子吧！

收获与分享：
你搜集到了哪些描写茶的优美语句？说给同伴听吧！特别喜欢的要背下来哦！

交流与评价

这堂课我的表现：

自　己　☆☆☆☆☆

小组评　☆☆☆☆☆

老师评　☆☆☆☆☆

第5课 线绘茶叶

仔细观察茶叶，它那细致的变化和美丽的纹理，展示了一个奇妙的世界。

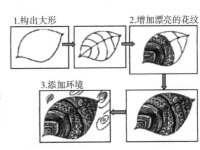

线绘茶芽步骤图

学习要求

观察：茶叶的叶脉纹理有什么特点？
思考：同学们是如何表示叶脉的？
尝试：画出叶脉细致的纹理，体会叶脉的天然美感。

> 学生作品

叶子的形状

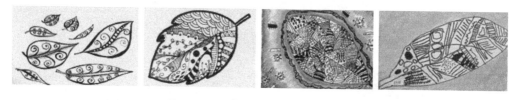

茶叶的结构

巨峰绿茶　　　西湖龙井茶　　　黄观音　　　日照雪青茶

> 拓 展

1. 茶叶的种类、鲜嫩、干湿等不同，形状、颜色也不同。
2. 除了黑白线描画，还有彩色线描画哦！

第6课 统一发声

发声练习要以中声区为主。低声区的训练比较容易见效，因为练低音的呼气压力较小，声带很自然地放松，用"mo"的母音进行练习，再用"ma""mi"母音从弱到强找准位置扩大共鸣。在掌握了一定的方法之后，再逐步向高音扩展。发声练习要从柔和的富有弹性的音阶练习开始，经常注意克服喊叫、喉音等坏习惯。

除了这些注意点之外，童声合唱还有一个真假声结合的问题特别值得注意。由于儿童的声带发育不成熟，较柔嫩，音域不宽，当唱高音时，声带靠边缘振动，如果高音不用假声，就会使声带受伤，嗓音损坏。如果注意观察会发现，"哼唱"其实是儿童本身最自然、最喜欢的状态，在放学的路上、回到家里、同学相聚时经常可听到儿童自哼自唱，这也是最宝贵的歌唱最初时的自然状态，要抓住这一感觉。因为哼唱"ng"会引起软腭后面垂直部分振动，并导致鼻咽腔通道的打开，同时放松了下颚，在呼吸的配合下从而使学生可获得较好的头声。

为启发学生歌唱，应该开发这个年龄段感兴趣的练声曲，初级阶段练声时间不宜过长，10~15分钟为宜。

练声曲：

低年级

$1=C2/4$

$\underline{1}\ \underline{7\ 6}\ |\ 5\ —\ |\ \underline{5\ 6\ 7}\ |\ \underline{1}\ —\ \|$
wu　　　　　　wu

说明：这条练习曲能够帮助儿童找到头腔共鸣的位置。

《拍手唱歌笑呵呵》

```
1=F  2/4

1 1  1 3 | 5 6 5 4 | 3 1 2 2 | 1 — | 1 1  1 3 | 5 6 5 4 | 3 1 2 2 | 5 — |
你的 眼睛  里        有呀有个 我,   我的 眼睛  里        有呀有个 你,

3 .  4 | 6 6 6 | 3 . 3 | 5 5 5 | 1 1  1 3 | 5 6 5 4 | 3 1 2 2 |
我      们 每个 人, 对   呀  对面坐; 拍手 唱歌  笑呵呵,   笑呀 笑呵

1 — ‖
呵
```

说明：唱歌时，可以让学生配 ×—，××，×××，×××，×× ××五种节奏的拍手或跺脚。

《诵茶谣》

又是一年春来到，清明时节雨纷纷。
茶树枝头嫩叶生，来到茶园把茶采。
采回家来把茶熬，请来邻居尝一尝。
大家都夸茶儿香！茶儿香！

说明：诵茶谣时，可以让学生配节奏进行诵读，培养孩子的节奏感。

谱例及训练要领：

《茶香小姑娘》

茶香小姑娘扎着两小辫，背着小背篓走在山坡上，结成伴儿哟来采黄金茶，茶叶一片片，片片嫩又鲜。小手一双双忙在金芽上。忙呀忙呀忙，忙呀忙呀忙，采的茶叶一缕芳香哟，一缕芳香哟，乐坏了阿爸和阿妈。

黄金古茶树，长在小河边。水映万亩茶，春催绿嫩芽，姑娘舞姿哟，美像一朵花。笑脸一张张，张张在开放，童谣一串串，茶歌在飞扬。美呀美呀美美呀美呀美。唱出姑娘心里的话哟，心里的话哟，唱歌谣唱遍采茶乡。茶香小姑娘快快乐乐成长哟，快乐成长，快乐成长！

注释：这首歌曲作为完整曲目练习的第二首，所起到的作用是轻声地"哼唱"。儿童歌唱的权威专家哈蒂在著作中说一般儿童在他们未受到相当好的训练之前，绝不允许大声歌唱，否则，美的音质就会消失。所以儿童要获得好的头声，从弱声的哼唱训练开始。过程是抓住自然状态的"哼唱"训练有气息支托下的"哼唱"，使儿童声带及其各器官充分调节好了之后，再慢慢地予以加强和扩大。

演唱台

通过今天的学习，你对所学歌曲掌握得怎样？请大声唱出来和我们分享一下吧！

第7课 压 胯

技能学习

音乐曲三四二拍

[前奏]准备动作:"对脚盘坐",双手握脚腕,身转向"2点"方向(见场记三)。

[1]—[2]做"展胸、压胯"。

[3]—[4]上体还原。

[5]—[6]做"含胸、压胯",额头贴脚。

[7]—[8]上体还原。

[9]第一拍"低头",第二拍还原。

[10]第一拍"仰头",第二拍还原。

[11]—[18]同[1]至[8]的动作。

[19]—[20]先"仰头",后"低头",节奏同[9]至[10]。

[21]—[28]同[1]至[8]的动作。

[29]第一拍右"转头",第二拍还原。

[30]第一拍左"转头",第二拍还原。

[31]—[38]同[1]至[8]的动作。

[39]—[40]头先左转,后右转,节奏同[29]至[30]动作。

舞蹈组合学习

采茶基本动作组合

注意事项

第一,这个组合主要锻炼髋关节的前屈能力和达到拉长脊椎的目的。

第二,同时也锻炼胯部的开度,因此"对脚盘坐"姿势,要求膝部尽量压贴地面。

第三,做[1]至[2]的"压胯"动作时要求抬头、背部拉长挺直,这样才能达到锻炼髋关节前屈能力和拉长脊椎的目的。

　　第四，在练习头部的"低头""仰头""转头"时，要求上体不要随头部前俯、后仰，或右、左转动。肩部固定不动。

　　第五，在身体不动的前提下，要求头部最大限度地前低和后仰，左转或右转。

　　第六，当上身下压时，"盘坐"姿势保持不变，尤其是膝盖不能向上翘起，而要向下压地。

　　教师在教学中，对于胯不开的学生不要急于求成，以免出现髋关节损伤。教师在指导做上身下压动作时，如能做示范最好，如不能，可让条件较好的学生摆好标准姿势，然后再让全体学生一起练习。如学生一时完成不好，切记不要强求她(他)去拼力完成，这样会有损于身体和动作的完整性。先让她(他)只做到能完成的位置，待她(他)软度练好后，自然就会达到标准了。

展示台

　　回家教一教自己的爸爸妈妈学到的舞蹈动作，说一说你学到了哪些舞蹈知识？

第8课 茶的种植

问题与思考

这些茶树苗是怎么种植的?该怎么移栽呢?

学习目标

1. 走进茶园,了解茶苗的种植;知道茶苗的扦插技术,以及出圃后怎么栽种。
2. 乐于观察并勇敢地表达,把自己观察到的栽种茶树的场景讲出来。

资料链接

茶苗的扦插技术

从良百种母本园中剪取红棕色、半木质化、健壮、无病虫害、具饱满腋芽的枝梢。将枝条剪成长3~4厘米、带有一片叶和饱满腋芽的短穗,剪口要平滑、斜度向。扦插前将苗床充分喷湿,待表土不粘手时再按茶树叶片长度划线,一般插穗行距7~8厘米,株距2~3厘米,以叶片不重叠为宜。用拇指、食指和中指捏住插穗叶片下部将插穗直插或稍斜插入土中,深度以露出叶柄为宜,边插边将土壤稍加压实,使插穗与土壤紧贴,以利于发根。

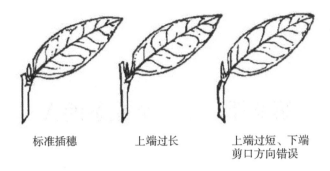

标准插穗　　　上端过长　　　上端过短、下端剪口方向错误

播种茶种子

茶种子一般在 10 天到 15 天内发芽。

具体种植方法：

(1) 播种盖土深度为 3~5 厘米，秋冬播比春播稍深，而沙土比黏土深。

(2) 穴播为宜，穴的行距为 15~20 厘米，穴距 10 厘米左右，每穴播茶子大叶种 2~3 粒，中小叶种 3~5 粒。

(3) 播种后要达到壮苗、齐苗和全苗，需做好苗期的除草、施肥、遮荫、防旱、防寒害和防治病虫害等管理工作。

活动交流

茶苗的移栽

这些树苗应该怎么栽种呢？你见过家里种茶树苗吗？

收获与分享：

通过今天的学习，你有什么收获？与大家分享一下吧！

第9课　第一个吃茶的人

茶，最初是树叶，最终成为人类饮料。从树上到入嘴，继而落肚，其中必定有着曲折甚至可能是惊险的过程。

问题与思考

谁是第一个发现茶且最先利用茶的人呢？

距今5000多年的三皇五帝时期，在今四川东部和湖北西北部的深山里，住有一个叫三苗九黎的部落。这个部落的首领每天带着他的子民以树叶和动物皮毛为衣，以野兽野果为食，且学会了播种五谷，可以说是衣食无忧，然而他们常被疾病所困。

为祛除病痛，部落首领在无数个日子里，爬过无数座大山，趟过无数条大河，尝遍无数种野草，最后终于找到了一种可以治病的草。其草名叫"荼"，即后来的茶。而发现这种草，且最早利用这种草的人，则是部落首领，他的名字叫神农。

神农为研究百草的特性和功能，凡草必尝。一次，他吃了有毒植物，头昏眼花，躺在大树下休息。一阵风吹过，吹来一片树叶，神农信手放入口中咀嚼，感到味道虽苦涩，但舌根生津，头脑渐醒。于是他将树叶采回做实验，证实果然有解毒功效，因此定名"荼"。

古书中就有了关于"神农尝百草，日遇七十二毒，得荼而解之"。

一直以来，人类使用茶叶，有一个从药用到

食用，再从食用到饮用的过程。神农吃茶之目的，无论出发点，还是落脚点，均为药用，恰好符合人类用茶的规律和逻辑。由此说，神农为天下第一吃茶人，当之无愧。

俗话说，第一个吃螃蟹的人是最勇敢的人。神农第一个发现茶、利用茶，既勇敢，又有功。所以，后人便将他视为中国使用茶叶的鼻祖，并称之为"茶神"，我们理应向这位茶神致敬！

收获与分享：
通过"神农尝百草"这个故事你懂得了什么道理？

第10课　茶之礼——奉茶

资料链接

奉茶的意义是表达我们对来宾表示尊敬和感谢，我们该怎样把自己的一番心意让对方知道，都体现在我们奉茶的细节中。

问题与思考

俗话说：酒满茶半。奉茶时应注意茶不要太满，以八分满为宜。这是为什么呢？

奉茶时的茶汤要适口，太浓太淡或太冷都是不合适的，一般倒茶或冲茶至茶具的2/3到3/4左右，如冲满茶杯，不但不便端茶，还寓有逐客之意。茶很热，满了接手时茶杯很热，这就会让客人之手被烫，有时还会因受烫致茶杯掉地打破，给客人造成难堪，所以一般茶只倒八分满。

若来访的客人较多时，上茶的先后顺序一定要慎重对待，切不可肆意而为。先长后幼、先客后主，应依身份的高低顺序奉茶；可先为客人上茶，后为主人上茶；先为主宾上茶，后为次宾上茶；先为女士上茶，后为男士上茶；先为长辈上茶，后为晚辈上茶。

放置茶壶时壶嘴不能正对他人，否则表示请人赶快离开；从客人的右方奉上茶，在奉有柄茶杯时，一定要注意茶杯柄需朝向客人的顺手面比如右面，这样有利于客人手拿茶杯的柄，并礼貌地请客人喝茶。

交流与评价

小组内奉茶体验练习，看看谁奉茶最优雅。

想一想

你最想为谁奉上这一杯清香的绿茶？

收获与分享

通过今天的学习，你有什么收获？与大家分享一下吧！

三年级(上册)

第1课 茶之美(上)

茶,作为中华文化的代表,无论阳春白雪还是下里巴人,一直深受广大民众的青睐。茶文化的博大精深,带着乡土气息的悠悠茶香,历经时代的符号,给不同年代的人无穷的回味和记忆。

名之美

我国名茶的名称大多数很美,有的是地名加茶树的植物学名称,如西湖龙井、闽北水仙、安溪铁观音等。有的是地名加茶叶的形状特征,如六安瓜片、君山银针、平水珠茶、古丈毛尖等;有的是地名加上富有想象力的名称,如庐山云雾、敬亭绿雪、舒城兰花等;有的是美妙动人的传说或典故,如碧螺春、水金龟、铁罗汉、大红袍等。

形之美

中国的茶一般分为绿茶、红茶、乌龙茶(青茶)、黄茶、白茶、黑茶六大类。这六类茶的外观形状各有差别。对于叶的外形美,审评师的专业术语有显毫、匀齐、细嫩、紧秀、紧结、浑圆、圆结、挺秀等。茶人们为茶起了不少形象而生动的茶名,如白瑞香、东篱菊、孔雀尾、素心兰、金丁香、金观音、醉西施、绿牡丹、瓶中梅、金蝴蝶、佛手莲、珍珠球、老君眉、瓜子金、绣花针等等。听听这些茶名,闭上眼睛就可以想象到它们的外形有多美了。

45

色之美

茶的色之美包括茶色和汤色两个方面，在茶艺中主要是欣赏茶的汤色之美。不同的茶类有不同的标准汤色。

茶人们把色泽艳丽醉人的茶汤比作"流霞"，把色泽清淡的茶汤比作"玉乳"，把色彩变幻的茶汤形容成"烟"。茶香氤氲，茶气缭绕，茶汤似翠非翠，色泽似幻似真，意境美丽之极。

香之美

茶香变化无穷，缥缈不定。有的甜润馥郁，有的高爽持久，有的清幽淡雅，有的新鲜沁心。按照评茶专业术语，仅茶香的表现性质就有清香、幽香、纯香、浓香、毫香、高香、嫩香、甜香、火香、陈香等；按照茶香的香型可分为花香型和果香型。

茶人欣赏茶香，一般至少要三闻。一是闻干茶的香气，二是闻开泡后充分显示出来的茶的本香，三是闻茶香的余香。闻香的办法也有三种，一是从氤氲的水汽中闻香，二是闻杯盖上的留香，三是用闻香杯慢慢地细闻杯底留香。

味之美

茶有很多味道，其中主要有苦、涩、甘、鲜、活。苦是指茶汤入口，舌根感到不适的味道。涩是指茶汤入口有一股不适的麻舌之感。甘是指茶汤入口回味甜美。鲜是指茶汤的滋味清爽宜人。活是指品茶时人的心理感受到舒适、美妙、有活力。

古人品茶最重视茶的"味外之味"。不同的人，不同的心境，不同的环境，不同的文化底蕴，不同的社会地位，都可以从茶中品出不同的"味"。人生有百味，茶亦有百味，从一杯茶中我们可以有良多的感悟，正如人们常说的"茶味人生"，我们品茶也应当学习古人品茶，去感受茶的"味外之味"。

第2课 茶的起源与传说

据科学家的研究,地球上有茶树植物,已有七八千万年的漫长历史了。但是茶的利用和发现,却只有数千年的时间,陆羽《茶经》中曰:"……茶之为饮,发乎神农氏,闻于鲁周公。"齐有晏婴,汉有扬雄、司马相如……神农氏是原始社会时期的一名领袖人物,因发明农耕,带领众人种植粮食,解决生存危机,人们为感激他的丰功伟绩,尊称他为神农。东汉的《神农本草经》说:"神农氏百草之滋味,水泉之甘苦,令民知所避就,当此之时,日遇七十二毒,得荼始解之。"由此可知,神农氏尝百草是人类最早对茶叶的认识。

资料链接

神农尝百草

陆羽《茶经》:"茶之为饮,发乎神农氏。"神农氏是三皇五帝之一,传说为远古的太阳神炎帝。他发现了稻、稷、豆、黍、麦等五谷,还制作了农具,教人们耕种和收割,人们尊他为神农。

上古时候,五谷和杂草长在一起,药物和百花开在一起,哪些可吃,哪些可治病,谁也分不清,当时生疮害病都无医无药。为给人们治病,神农氏不惜自身安危,亲尝各种木,以辨其味,以明其效。一日,他尝到一种草叶,口干舌麻,头晕目眩,全身乏力。于是他放下草药袋,背靠一棵大树斜躺,稍事休息。一阵风吹过,他似乎闻到有一种清鲜香气,但不知这清香从何而来。抬头一看,只见树上有几片翠绿的叶子缓缓落下,树叶青嫩可爱,气味芳芬。始于习惯,他就信手拾起一片放入口中慢慢咀嚼品尝。此物味虽苦涩,但有清香回甘之味。

食后气味清香,舌底生津,精神振奋,且头晕目眩减轻,口干舌麻渐消。神农氏由此断定此物有解渴生津、提神醒脑、解毒的功效,将这种树定名为"荼",这就是茶的最早发现。

问题与思考

1. 人们为什么把太阳神炎帝叫做神农呢?

2. 神农是怎样发现这些草药的？

交流与评价

说说神农对人类有什么贡献？你觉得神农是一个什么样的人？

收获与分享：（搜一搜）
1. 通过这一节课的学习，你有什么收获？快与其他同学分享吧！
2. 搜集有关茶叶的其他传说故事。

第3课　春来茶香嫩芽鲜

茗　坡
唐　陆希声

二月山家谷雨天，
半坡芳茗露华鲜。
春醒酒病兼消渴，
惜取新芽旋摘煎。

资料链接

陆希声(？—905年左右)，唐苏州吴人。唐昭宗时，累官同中书门下平章事。工诗，善书法，好茶饮。此诗描述了作者摘取新生茶芽，不经烘焙制作，直接烹煎饮用的情景。

背一背

请你试着背一背这首古诗吧。

> **问题与思考**

同学们,你们知道为什么人们喜欢用嫩芽来炒茶吗?

收获与分享:

　　为什么大家选茶都喜欢选春天的嫩芽呢?因为茶叶的嫩芽比较多汁,受热之后容易把自体的内容物释放出来,这样我们喝起来才会品到更浓的茶香味。

第4课　童心书茶语

问题与思考

你对茶的了解有多少？能做家乡的"小小解说员"介绍茶吗？

资料链接

很早以前，中国就有"神农尝百草，日遇七十二毒，得茶而解之"的传说。说的是神农有一个水晶般透明的肚子，吃下什么东西，人们都可以从他的胃肠里看得清清楚楚。那时候的人，吃东西都是生吞活剥的，因此经常闹病。神农为了解除人们的疾苦，就把看到的植物都尝试一遍，看看这些植物在肚子里的变化，判断哪些无毒哪些有毒。当他尝到一种开白花的常绿树嫩叶时，嫩叶就在肚子里从上到下、从下到上，到处流动洗涤，好似在肚子里检查什么，于是他就把这种绿叶称为"查"。以后人们又把"查"叫成"茶"。

活动广角

茶叶的功效与作用有哪些？

我能为家乡茶叶代言(写一段解说词)。

收获与分享：
_____
_____

交流与评价

这堂课我的表现：

自　己　☆☆☆☆☆

小组评　☆☆☆☆☆

老师评　☆☆☆☆☆

第5课　茶叶书签

美丽的书签，形式真多样。有创意的茶叶书签设计更能体现你的想象，你当设计师，动手做一做。

书签的形状多种多样，它不仅能帮你"记录"书页，方便阅读，还能让你的心情更加美丽！

制作方法一：

 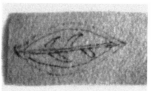 

1. 准备无纺布(或卡纸)和剪刀。
2. 画出图案,用剪刀沿轮廓线剪。
3. 去掉无用的部分,打孔穿绳子。

制作方法二:

1. 设计形状。
2. 剪出图形。
3. 画出轮廓。
4. 上色。
5. 添画细节。
6. 背面写字。
7. 穿上绳子。

学生作品

学习要求:

观察:书签有什么共同特点?

思考:用什么材料能制作美丽的书签?

尝试:用拓印、剪纸、绘画、粘贴等不同的方法制作与茶有关的书签。

> **拓 展**

用彩色颜料涂在茶叶上，拓印成茶叶书签。

第6课　声音处理的基本技巧

　　把"看不见""摸不着"的声乐技巧，融化在儿童直观的形象思维中，儿童歌唱与成人歌唱是两个完全不同的概念，成人歌唱方法与儿童歌唱方法也是两个完全不同的范畴，如用成人的方法来考虑指导童声，那将难以获得好的效果。在学习中，应针对儿童用浅显的、容易理解的方法去达到目的。

　　歌唱技巧的重要部分是在气息的支撑下，使声音从喉头进入鼻咽腔的通道上，从而获得较好的头声。这是每个学习歌唱者的必经之路，也是儿童歌唱的必经之路。这个听起来似乎是较深奥的理论，教师在训练时，可以轻描淡写化，用"开火车"的方法启发学生的想象力。教师说声音好比"火车"，"鼻咽腔通道"好比"铁轨"，火车必须在铁轨上运行，这是学生们容易理解的浅显道理，火车到达的方向是"北京站"，老师指着前额的眉心处，示意声音要唱到的地方；开火车的动力在这里，老师指着腰腹部，示意气息；大脑是总指挥，每个同学身上其实都带着"老师"，这个"老师"就是"耳朵"啦！

　　例如：当学生声音不对时，老师风趣地说"用你们的'老师'听听，火车离开铁轨啦！"学生会很快地把声音调整好；当注意了上面的"通道"，又不注意用气息时，老师又说："火车没有油了，开不动了！"学生赶紧用手摸腰腹部，注意使上劲，把气息找回来；当声音通过"通道"到达前额眉心处时，老师高兴地鼓励道，"啊！对了，你开的'火车'顺利到达'北京站'啦！"学生高兴得手舞足蹈，很有成就感！训练，是获得头声的基础。

　　练声曲：

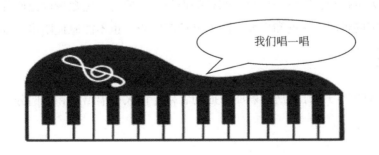

《月亮爬上来》

1=F 2/4

```
┌ 3 4  5 5 | 5 — | 3 4 5 5 | 5 — | 5 6  5 4 | 3 4 5 | 3 4 3 2 |
│ 月亮 爬上    来，   月亮 爬上    来，    月亮 月亮    爬上 来， 月亮爬上
└ 1 2  3 3 | 3 — | 1 2 3 3 | 3 — | 3 4 3 2 | 1 2 3 | 1 2 1 7 |

┌ 1 — ‖
│ 来。
└ 1 — ‖
```

说明：大、小三度的和声练习，为合唱歌曲的演唱做充分的准备。

谱例及训练要领：

《中国茶娃娃》歌词

我是茶娃娃中国是我家，家中有客来先敬一杯茶。
我是茶娃娃礼貌人人夸，兄弟姐妹多遍布大中华。
啦啦啦 啦啦啦，六茶宝贝会魔法
水宝见到它变成六色茶。中国茶娃娃健康千万家。
啦啦啦 啦啦啦，六茶宝贝本领大
水宝见到它变成六色茶，中国茶娃娃欢乐千万家。

注释：这首歌曲中加入了大音程的跳跃，音域在短时间跨度较大，要注意音准。这首歌还可以巩固前面学习到的跳音的演唱。在给学生留作品的时候，要确实了解学生的实际能力，严格按照学生的实际程度留相应的作品。中外不同国家、地区、民族有代表性的作品要大量接触，既有一定数量的精唱作品，又要有一定数量的泛唱作品。使用的作品要有一定的难度、深度和广度。既不能拔苗助长，也不能原地踏步，要实事求是。

演唱台

通过今天的学习，你对所学歌曲掌握的怎样？请大声唱出来和我们分享一下吧！

第7课 前 抬 腿

> 技能学习

音乐四二拍

[前奏]准备动作:"伸坐、正步位、绷脚",身体向后倾45度,双手扶地重心稍偏后。

[1]—[2]右"前抬腿"45度,同时头稍向左倾,看右脚。

[3]—[4]腿落回原位,头还原。

[5]—[8]左"前抬腿",同[1]至[4]动作。头向右倾,看左脚。

[9]—[12]右"前吸腿团身"脚尖点地,双手抱脚踝。

[13]—[16]右腿伸直成"正步位",双手扶地,视前位。

前中吸腿

前吸腿团身

第二遍音乐

[1]至[16]左腿开始,同第一遍音乐[1]至[16]动作。最后1小节"仰卧"地面。双手自然放在身旁地面上,成人字位。

仰卧

第三遍音乐

同第一遍音乐[1]至[8]腿的动作,但"前抬腿"90度。

[9]—[12]右前"吸伸腿"。

[13]—[16]落成"正步位"。

第四遍音乐

[1]~[16]左腿开始,同第二遍音乐。

[结束句]还原成"伸坐、正步位、绷脚",双手扶地。

> 舞蹈组合学习

平踏步组合

注意事项

第一,"前抬腿"时,腿最大限度拉长,不要弯膝。

第二,"前抬腿"时,背部要拉长,上身不要"松腰""含胸"。

第三,"前抬腿"落下时,要有控制地轻轻回原位。不要失去控制摔在地上。

第四,"吸伸腿"要根据学生的实际软度可达到的高度去做,不必要求其拼力去做自己所达不到的高度。

这是一个为能控制好下肢的基础练习。坐位练习,解除了支撑腿(主力腿)的负担。因此,"动力腿"做起来就比较容易。但教师必须告诫学生:主要锻炼"动力腿"独立完成动作的能力,不要过分依赖双手扶地和身体后仰的力量。"前吸腿团身"看起来似乎是与抬腿、伸腿一张一弛,实际上,它也是一种独立的柔韧性训练的动作练习,对于腿部和脊椎的软度和控制能力起到相辅相成的作用,因此,要认真严格地练习此动作。

> 展示台

用自己学到的采茶舞蹈动作,创编一个采茶的舞蹈小组合。

第 8 课　给茶树施肥

给小茶树施肥，让它们长高吧！

学习目标

1. 走进茶园，学习茶的施肥，能知道茶的具体施肥季节。
2. 能够选择合适的肥料来施肥。
3. 养成仔细观察的好习惯。

资料链接

茶叶需肥规律

1. 所需养分

茶树生育所必需的矿质元素有氮、磷、钾、钙、铁、镁、硫等大量元素和锰、锌、铜、硼、钼、铝、氟等微量元素。

2. 吸收时间

茶树在年发育的不同周期中对营养元素的需求情况也不一致。据研究资料，一年中对氮的吸收以4—6月、7—8月、9月和10—11月为多。而前两期的吸收量占全年总吸氮量的55%以上，磷的吸收主要集中在4—7月和9月。对钾的吸收则以7—9月为最多。此外，茶树各个器官对三要素的要求在不同时期也有一定差别。适时适量施肥，也是提高各类肥料利用率的重要途径。

3. 需肥特点

(1) 需肥的连续性

茶树是多年生植物，在一年生长发育周期中，大部分时期在进行芽叶采摘，并不断地消耗养分。由于茶树一年四季各个生育阶段其机体内都在进行着新陈代谢活动，从不间断，所以茶树体内营养条件好坏，不仅与当年产量、品质密切相关，而且还会影响来年的产、质表现，故而茶树对养分的需求是持续不断的。

(2) 需肥的阶段性

在自身发育生长的不同阶段，对各种营养元素的需求和吸收是有所侧重的。

(3) 需肥的集中性

在年发育周中，由于季节的变化和本身的生理活动现象而形成生长旺盛期与生长相对休止期，成龄茶园也因采摘等关系使芽梢生长形成比较明显的轮次，在生长旺盛期与每轮幼嫩芽叶被采摘后，为了配合正常生长的需要和补充因采摘带来的损失都必须较大量的集中提供营养。在三要素中以氮素的需要量为最多，钾次之，磷又次之。

活动交流

说一说：应该怎样给茶园施肥呢？

想一想：我们应该怎样给这些小茶苗施肥呢？

> **资料补充**

茶农施肥原则

(1)以有机肥为主,有机肥与无机肥相结合,提高土壤肥力;

(2)以氮肥为主,氮、磷、钾三要素相配合,注意全肥;

(3)重视基肥,基肥与追肥相结合,提高茶叶产量;

(4)合理施肥;

(5)以根际施肥为主,根际施肥与根外施肥相结合。

收获与分享:

　　通过今天的学习,你有什么收获?与大家分享一下吧!

_____

_____

第9课　舌尖上的茶味(其一)

茶，作为中华文化的代表，无论阳春白雪还是下里巴人，一直深受广大民众的青睐。茶文化的博大精深，带着乡土气息的悠悠茶香，历经时代的符号，给不同年代的人无穷的回味和记忆。

不同年代的喝茶方式和饮茶习俗

60年代——茶只拿来解渴

一把老茶叶，再灌满整整一个军用水壶，热火朝天地大干快上，父辈们经常说，小时候，他们就斜挎着与个头不相称的水壶，踏遍山河，心中装满的只有社会主义建设。

70年代——桌上的搪瓷杯

那个年代，喝口茶，那就是令所有人都羡慕的神仙生活。

再和兄弟姐妹们一起抢喝父亲手里白瓷杯中的茶，就是满满的团圆了。

80年代——茶是待客必备

改革开放的大潮已经掀起巨大的力量，下岗、下海纷沓而至，那时候的一杯上等的好茶，统统都是配角，咖啡的情调也慢慢地进入生活圈，那时候更多的快乐，是能够和一群小伙伴挤在黑白电视机前看大侠霍元甲，哼着"万里长城永不倒"，那才是最大的乐趣。

2000年——茶不只是拿来喝的

节日里，家家户户都有吃不完的鱼肉，小朋友们也从刚开始抢着吃，到后面的被强迫吃，礼多了，茶也成了调节生活的元素，情变得无价了。

到了当下，茶也不仅是茶了。越来越多的人远离了家乡，无法和父母同席而坐，两盏清茶、茶余饭后的画面也难得见了。时代越来越进步，信息交流越来越发达，而我们离父母，却越来越远……而茶，也不仅是茶了，是健康，是文化，更是一份承载。

第 10 课　茶之礼——习茶礼仪

资料链接

子曰："安上治民，莫善于礼。礼者，敬而已矣！"

问题与思考

礼仪是一门学问，礼仪无处不在。那么喝茶要用到哪些礼仪呢？

鞠躬礼：分为站式、坐式和跪式三种。根据行礼的对象分为"真礼"（用于主客之间）、"行礼"（用于客人之间）与"草礼"（用于说话前后）。

伸掌礼：这是习茶过程中使用频率最高的礼仪动作。表示"请"与"谢谢"，主客双方均可采用。两人面对面时，均伸右掌行礼对答；两人并坐（列）时，右侧一方伸右掌行礼，左侧方伸左掌行礼。

寓意礼：在长期的茶事活动中，形成了一些寓意美好祝福的礼仪动作，在冲泡时不必使用语言，宾主双方就可进行沟通。最常见的有凤凰三点头。用手提水壶高冲低斟反复三次，寓意为向来宾鞠躬三次以示欢迎。

叩指礼：此礼是从古时中国的叩头礼演化而来的，叩指即代表叩头。早先的叩指礼是比较讲究的，必须屈腕握空拳，叩指关节。后来逐渐演化为将手弯曲，用几个指头轻叩桌面，以示谢忱。

交流与评价

古老的中华民族文化源远流长，在五千年的历史长河中，创造了灿烂的文化，形成了高尚的道德准则、完整的礼仪规范和优秀的传统美德，被世人称为"文明古国，礼仪之邦"。同学们，让我们传承中华礼仪，做一做习茶的礼仪，看看谁是礼仪之星吧。

想一想

中华民族自古以来就是讲礼仪的民族，这节课我们了解了这么多习茶礼仪，今后我们该为中华礼仪的传承做些什么呢？

收获与分享：

通过今天的学习，你有什么收获？与大家分享一下吧！

_____
_____

三年级(下册)

第1课 茶之美（下）
——四大茶产区的代表名茶品鉴

中国四大茶区

- 江南茶区

江南茶区位于长江中下游南部，包括浙江、湖南、江西等省和皖南、苏南、鄂南、福建北部等地，是中国最大的茶产区。

- 华南茶区

华南茶区的南部属热带季风气候，境内高温多雨，长夏无冬；北部属亚热带气候，温暖而湿润。

- 西南茶区

西南茶区是中国最古老的茶区，包括云南省、贵州省、四川省及西藏东南部，主要生产普洱茶、四川蒙顶黄芽、甘露，或是贵州省的都匀毛尖等。

- 江北茶区

江北茶区位于长江中下游北部，包括河南、陕西、甘肃、山东等省和皖北、苏北、鄂北等地，主要名茶为安徽的六安瓜片、霍山黄芽，以及河南省的信阳毛尖等。

四大茶产区的代表名茶品鉴

江南名茶——西湖龙井鉴赏

西湖龙井，是绿茶中最有特色的茶品之一，素有"天堂瑰宝"之称，居中国名茶之冠。产于浙江省杭州市西湖周围的群山之中。

西湖群山产茶已有千百年的历史，在唐代时就享有盛名，素以"色绿、香郁、味甘、形美"四绝称著。

西湖龙井茶以扁平光滑、挺秀尖削、均匀整齐、色泽翠绿鲜活为佳品。高级西湖龙井茶带有鲜纯的嫩香，香气清醇持久。

华南名茶——铁观音鉴赏

铁观音茶条卷曲、壮结、沉重，呈青蒂绿腹蜻蜓头状，色泽鲜润，砂绿显，红点明，叶表带白霜。精品茶叶较一般茶叶紧结，叶身沉重，取少量茶叶放入茶壶，可闻"当当"之声。汤色金黄，浓艳清澈，茶叶冲泡展开后叶底肥厚明亮。茶汤香味鲜溢，独特香气，芬芳扑鼻，且馥郁持久，令人心醉神怡。有"七泡有余香"之誉。

西南名茶——普洱茶鉴赏

普洱茶属于黑茶，以其集散地与原产地的普洱市命名，民间有"武侯遗种"（武侯指三国时期的诸葛亮）的说法，故普洱茶的种植利用至少已有1700多年的历史。

普洱茶外形色泽褐红，内质汤色红浓明亮，香气独特陈香，滋味醇厚回甘，叶底褐红。有生茶和熟茶之分，生茶自然发酵，熟茶人工催熟。"越陈越香"被公认为是普洱茶区别其他茶类的最大特点，普洱茶是"可入口的古董"，普洱茶贵在"陈"，往往会随着时间逐渐升值。

普洱茶在香型上主要分为兰香、枣香、荷香、樟香。品饮普洱茶必须闻香，举杯鼻前，此时即可感受陈味芳香如泉涌般扑鼻而来，其高雅沁心之感，不在幽兰清菊之下。

江北名茶——信阳毛尖鉴赏

信阳毛尖，亦称"豫毛峰"，中国十大名茶之一，河南省著名特产。主要产地在信阳市和新县、商城县及境内大别山一带。信阳毛尖具有"细、圆、光、直、多白毫、香高、味浓、汤色绿"的独特风格，信阳毛尖被誉为"绿茶之王"。

信阳毛尖的色、香、味、形均有独特个性，其颜色鲜润、干净、不含杂质，香气高雅、清新，味道鲜爽、醇香、回甘，从外形上看则匀整、鲜绿有光泽、白毫明显。外形细、圆、光、直多白毫，色泽翠绿，冲后香高持久，滋味浓醇，回甘生津，汤色明亮清澈。

经验交流

用你学到的鉴赏方法,品评一下家乡的绿茶吧!
_____
_____

第 2 课　茶的分类与传说

　　中国茶的历史悠久，各种各样的茶类品种，万紫千红，竞相争艳，犹如春天的百花园。那些关于铁观音、西湖龙井、太平猴魁、大红袍等中国名茶美丽的传说，你听过吗？

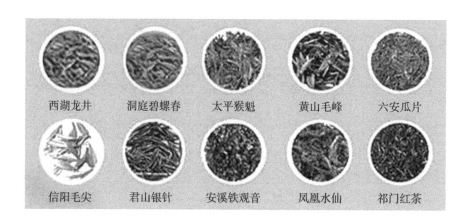

西湖龙井　　洞庭碧螺春　　太平猴魁　　黄山毛峰　　六安瓜片
信阳毛尖　　君山银针　　安溪铁观音　　凤凰水仙　　祁门红茶

资料链接

铁　观　音

　　铁观音原产安溪县西坪镇，已有 200 多年的历史，关于铁观音品种的由来，在安溪还流传着这样一个故事。相传清乾隆年间，安溪西坪上尧茶农魏饮制得一手好茶，他每日晨昏泡茶三杯供奉观音菩萨，十年从不间断，可见礼佛之诚。一夜，魏饮梦见在山崖上有一株透发兰花香味道茶树，正想采摘时，一阵狗吠把好梦惊醒。第二天果然在崖石上发现了一株与梦中一模一样的茶树，于是采下一些芽叶，带回家中，精心制作。制成之后茶味甘醇鲜爽，精神为之一振。魏饮认为这是茶之王，就把这株茶树挖回家进行繁殖。几年后，茶树长得枝叶茂盛。因为此茶美如观音重如铁，又是观音托梦所获，就叫它"铁观音"。从此，铁观音就名扬天下。铁观音是乌龙茶的极品，其品质特征如下：茶条郑曲，肥壮圆结，沉重匀整，色泽砂绿，整体形状似蜻蜓头、螺旋体、青蛙腿。冲泡后汤色多黄浓艳似琥珀,有天然馥郁的兰花香,滋味醇厚甘鲜,回甘悠久,俗称有"音韵"。茶香高而持久,可谓"七泡有余香"。

资料链接

龙　　井

传说乾隆皇帝下江南时,来到杭州龙井狮峰山下,看乡女采茶,以示体察民情。这天,乾隆皇帝看见几个乡女正在绿荫荫的茶蓬前采茶,心中一乐,也学着采了起来。刚采了一把,忽然太监来报:"太后有病,请皇上急速回京。"乾隆皇帝听说太后娘娘有病,随手将一把茶叶向袋内一放,日夜兼程赶回京城。其实太后只因山珍海味吃多了,一时肝火上升,双眼红肿,胃里不适,并没有什么大病。此时见皇儿到来,只觉一股清香传来,便问带来什么好东西。皇帝也觉得奇怪,哪里来的清香呢?他随手一摸,啊,原来是杭州狮峰山的一把茶叶,几天过后已经干了。浓郁的香气就是它散发出来的。太后便想尝尝茶叶的味道,宫女将茶叶泡好,送到太后面前,果然清香扑鼻,太后喝了一口,双眼顿时舒适多了。喝完了茶,红肿消失了,胃也不胀了,太后高兴地说:"杭州龙井的茶叶,真是灵丹妙药。"乾隆皇帝见太后这么高兴,立即传令下去,将龙井狮峰山下胡公庙前那十八棵茶树封为"御茶",每年采摘新茶,专门进贡太后。至今,杭州龙井村胡公庙前还保存着这十八棵御茶。

问题与思考

1. 你喝过铁观音和龙井这两种茶叶吗?
2. 这两种茶叶分别产于中国的什么地方?

交流与评价

你还听说过中国其他名茶的美丽传说吗?快和同学们分享吧!

收获与分享:(讲一讲)

1. 通过这一节课的学习,你有什么收获?快与其他同学分享吧!
2. 采集关于日照绿茶的美丽传说,讲给同学们听。

第3课　君子之交淡如"茶"

九日与陆处士羽饮茶
唐　皎然

九日山僧院，
东篱菊也黄。
俗人多泛酒，
谁解助茶香。

资料链接

　　中国饮茶，从神农时代开始，少说也有5000多年了。茶礼有缘，古已有之。"客来敬茶"，这是中国汉族同胞最早重情好客的传统美德与礼节。直到现在，宾客至家，总要沏上一杯香茗。喜庆活动，也喜用茶点招待。开个茶话会，既简便经济，又典雅庄重。所谓"君子之交淡如水"，也是指清香宜人的茶水。

交流与评价

巨峰是茶之乡。关于饮茶,你了解多少呢?和小伙伴一起交流交流吧。

古诗配画

这首诗不仅读起来朗朗上口,还别有一番意境美。你能试着给古诗配一幅画吗?

第 4 课　童心书茶语

问题与思考

你会用生动形象的句子赞美茶叶吗？你会怎么说呢？

资料链接

你知道什么叫修辞方法吗？

比喻是一种常用的修辞手法，用跟甲事物有相似之点的乙事物来描写或说明甲事物，是修辞学的辞格之一。

拟人修辞方法，就是把事物人格化，将本来不具备人动作和感情的事物变成和人一样具有动作和感情的样子。

活动广角

试着用修辞方法说说茶园的美吧！

收获与分享：

把你的文字认真地写下来，读给同伴听一听，并说一说你用到了什么修辞方法。

交流与评价

这堂课我的表现：

自　己　☆☆☆☆☆

小组评　☆☆☆☆☆

老师评　☆☆☆☆☆

第 5 课　茶的花衣裳

好的茶包装能促进茶的销量。
拿起手中的画笔，为茶做件花衣裳，让它们变个样！
各式各样的包装创意满满，为商品起到了美化作用。

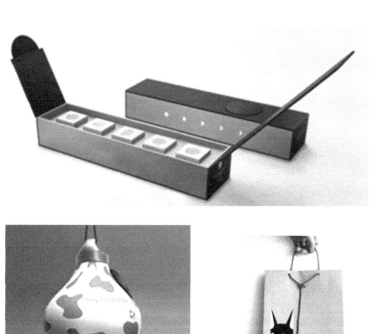

学生作品

学习要求：

欣赏：各种商品不同的包装设计。

思考：怎样给茶穿上花衣裳？

尝试：用绘画或剪刻的形式设计茶包装。

第6课 咬字、吐字练习规律

咬字、吐字的规律不过是表达作品思想内容的手段之一,借以更完美地表达作品的思想感情和内容,孤立地脱离内容地讲咬字、吐字规律是没有生命的,也是不值得提倡的。

为了达到咬字、吐字和演唱表现的统一,要求合唱成员平时养成讲"普通话"的习惯。正确的咬字、吐字是唱歌技巧中的一个重要基本功,是表达作品思想内容的手段之一。熟练的咬字、吐字技巧,不仅是为了把字音准确清晰地传达给听众,更重要的是通过正确的咬字、吐字与歌唱发声有机结合起来,以达到"字正腔圆"与"字正腔纯"的目的,从而生动形象地表达歌曲的思想感情,以便达到歌声富有感染力的效果。而咬不准字头、吐不准字腹、归不好字韵,是学生中普遍存在的问题。训练时,要求学生在理解咬字和吐字的基础上,口形的张合应该与字的声母、韵母的发音部位紧密结合。如韵母在演唱时延长,一定要保持口型不变,否则会唱不清。为了使学生的口型能够达到基本正确,让学生每人带一面小镜子,边练习边看自己的口型,发现错误可及时纠正。

在咬字、吐字训练中,教师要注意对一些容易混淆的字音及地区方言进行单独的训练,及时纠正不良的读音,训练不同声母的口型,使学生会自然圆润地发声,逐步养成习惯,以保证合唱时声音协调统一,歌声生动形象清晰感人,从而获得最佳的演唱效果。

练声曲:

中年级

《月儿弯弯》

1=C 3/4

3 4 5 5 | 3 4 5 5 | 5 6 5 3 | 1 3 2 — | 6 1 2 2 | 2 3 5 3 |
月儿弯弯 月儿弯弯，像只小船 在天边， 船边 星星 一闪 一闪
月儿圆圆 月儿圆圆，像面镜子 挂天边， 镜子 里面 有只 白兔，

2 3 2 1 | 2 3 1 — ‖
眨着 眼睛 向我 看。
一蹦 一跳 要下 来。

说明：an 的韵母演唱，注意轻声唱，字咬清楚。

谱例及训练要领：

快乐的孩子爱唱歌

1=C 2/4

庄 奴词
基 子曲

小快板 愉快地

i 5 6 5 4 | 3 4 5 0 | i 5 6 5 4 | 3 2 1 0 |
活泼的鸟儿 爱飞翔， 勤劳的蜜蜂 爱花房，

i 5 6 5 4 | 3 4 5 i | 7 6 6 5 i | 7 2 i 0 |
小小的流萤 爱火光， 快乐的孩子 爱歌唱。

5. 6 5 4 | 3 4 5 0 | i 5 6 5 4 | 3 2 3 0 |
啦 啦啦啦 唱唱唱 你的歌声 最嘹亮。

5. 6 5 4 | 3 5 i 0 | 7 6 5 i | 7 2 i 0 |
啦 啦啦啦 唱唱唱， 我的歌声 最悠扬。

i 5 6 5 4 | 3 4 5 0 | i 5 6 5 4 | 3 2 1 0 |
什么人儿 爱歌唱嘿！快乐的孩子 爱歌唱，

i 5 6 5 4 | 3 4 5 i | 7 6 6 5 i | 7 2 i 0 ‖
什么人儿 爱歌唱？ 快乐的孩子 爱歌唱。

注释：这首歌的训练所要达到的目的是，每一句的第一个字的字头要爆破出来，突出对每一句歌词字头的训练，另外这首歌中出现的附点也应该强调，让学生充分找到唱附点的感觉。

演唱台

通过今天的学习，你对所学歌曲掌握的怎样？请大声唱出来和我们分享一下吧！

第7课　后　抬　腿

技能学习

音乐四三拍

　　准备动作："伏卧、正步位、绷脚"，双臂举头上方，身对2点。

　　[前奏]双手收至肩旁。

　　[1]—[2]双手撑地做"伏卧位后弯腰"。

　　[3]—[4]上身还原。

　　[5]—[8]右"后抬腿"45度一次。

　　[9]—[12]同[1]至[4]动作。

　　[13]—[16]左"后抬腿"45度一次。

第二遍音乐

　　[1]—[2]双手撑地做"后吸腿后弯腰"。

　　[3]—[4]静止。

　　[5]—[8]还原成"俯卧"。

　　[9]—[12]做"蛙式"。

　　[13]—[16]下肢不动，双手撑地做"蛙式后弯腰"。

　　[结束句]还原成"俯卧"。

舞蹈组合学习

走 步 组 合

注意事项

第一，"后弯腰"时，先仰头，头再随上体向后仰。

第二，"后弯腰"时，大腿要紧压在地面，双腿并拢，呼吸均匀。

第三，"后抬腿"主要动力在大腿。

第四，"后抬腿"时，腿拉直，注意不要弯曲膝盖。

第五,"后抬腿"时,胸、腹部及骨盆不要离开地面。落地时不要摔下来,要有控制地轻放地面。这是第一个向后"抬腿"和向后"弯腰"的练习。"后抬腿"和"后弯腰"是一对相辅相成的练习,没有柔软的向后弯曲的"后腰"也不会有好的"后抬腿"。

展示台

在走步组合的基础上加上自己喜欢的采茶舞蹈动作,创编一段舞蹈,和同学比一比,谁的舞姿最优美呢?

第 8 课　茶叶的几种病虫害

你知道这些茶叶是怎么了吗？

> **学习提示**

1. 了解常见茶叶病虫害和指导防治方法。
2. 了解生态茶园的管理方式。
3. 养成积极探索、勇于创新的学习习惯。

> **资料链接**

1. 病害

（1）茶白星病

(2)茶饼病(又名茶叶肿病)

(3)茶炭疽病

(4)茶云纹叶枯病(又称叶枯病)

防治措施：主要通过加强管理，勤除杂草，茶园间适当修剪，促进通风透光，增施有机肥，提高抗病力。或者喷洒一定比例的抗菌药物。

2. 虫害

害虫种类：对茶树影响较大的害虫主要是小绿叶蝉、螨类、蚜虫、黑刺粉虱等。

防治措施：对这些害虫必须以农业防治为主，农药防治为辅。

> 观察交流

你见过这样的插满黄色旗子的茶园吗？这些黄色的旗子是什么？

> 资料链接

生态茶园的病虫防治

生态茶园病虫害防治必须牢固树立绿色环保的理念，坚决执行"预防为主，综合防治"的方针。

（1）农业防治。农业防治的主要措施有适时采摘、合理修剪、冬季清园、翻耕松土、科学施肥、及时排灌等。通过这些农事操作，可以改善茶园的田间小气候，提高茶树的抗逆能力，恶化病虫的营养条件。

（2）生物和物理防治。生物防治是利用自然天敌或人工繁殖释放天敌，如赤眼蜂、瓢虫、捕食螨、天敌蜘蛛、昆虫病原线虫等。物理防治是采用人工捕杀、灯光诱杀、色板诱杀、性信息素诱杀等方法捕杀和诱杀如茶毛虫、茶蚕、茶蓑蛾等害虫。

（3）化学防治。严格禁止施用高毒、高残留农药。茶园禁用的杀虫杀螨剂有滴滴涕、六六六、毒杀芬、对硫磷、氧化乐果、杀虫脒等30多种农药。提倡使用植物源、微生物源和矿物源农药。

> **收获与分享：**
> 　　通过今天的学习，你有什么收获？与大家分享一下吧！
> _____
> _____

第9课　舌尖上的茶味(其二)

早在春秋时期，人们就用茶叶和其他可食之物料，调制成茶菜肴、茶粥饭等，之后在元代出现了"玉磨茶"和"枸杞茶"。而"茶点"一词则最早记载于唐代。随着饮茶的普及以及人们对饮茶的讲究，茶点品种繁多且富有创意。

> **问题与思考**

你知道哪些和茶有关的食品和饮料呢？

> **交流分享**

茶食品：

茶食品是含有茶叶或其味道的食品。在所有的茶中，抹茶(的味道)可能是最多加入食物里的一种茶，如今市面上有抹茶蛋糕、抹茶饼干、抹茶冰淇淋等茶食品。

茶叶蛋

抹茶雪糕

茶巧克力

茶月饼

茶含片

茶饮料：

茶饮料是指用水浸泡茶叶，经抽提、过滤、澄清等工艺制成的茶汤或在茶汤中加入水、糖液、酸味剂、食用香精、果汁或植（谷）物抽提液等调制加工而成的制品。茶饮料是指以茶叶的萃取液、茶粉、浓缩液为主要原料加工而成的饮料，具有茶叶的独特风味，含有天然茶多酚、咖啡碱等茶叶有效成分，兼有营养、保健功效，是清凉解渴的多功能饮料。

茶肴：

茶肴，即用茶叶入肴后烹饪而成的菜肴。茶叶入肴，一般有四种方式：一是将新鲜茶叶直接入肴，二是将茶汤入肴，三是将茶叶磨成粉入肴，四是用茶叶的香气熏制食品。

绿茶是菜肴配料中应用最多的，其中最为出名的是龙井虾仁，而红茶、乌龙茶也常被用于烹调。古老的茶膳"茶粥"自晋朝以来就是风味小吃。

龙井虾仁制法

1. 鲜虾去头、剥壳、去虾线。
2. 虾仁洗净，再用清水泡半个小时。
3. 虾仁用厨房纸吸净水分，保持虾仁表面干燥。
4. 在虾仁中，放适量盐、淀粉、少量花生油和半个鸡蛋清，朝一个方向搅拌，放入冰箱20分钟。
5. 龙井茶叶用沸水泡开，滤去茶叶备用。
6. 水烧开，将虾仁放入滚水中滚一下，立即捞起，切记要快！
7. 热锅热油（油多一点），放入虾仁，快速拨散，翻炒几下盛出。
8. 锅内留点油，放入虾仁，倒入少量料酒和两汤勺龙井茶叶水，等茶水入味后，加入水淀粉。

9. 撒入一点点茶叶，就可以出锅啦。

完成了，尝一口，虾仁爽滑中略带嚼劲，本身的鲜味混合龙井茶的清香，滋味真是妙不可言！

茶香腊肉制法

1. 老腊肉洗净后下入清水锅中，置中火上煮至用筷子可插透肉皮时，捞出切成薄片待用；新鲜茶叶用清水洗净。

2. 炒锅置旺火上，放入少许油烧热，下腊肉片煸炒至吐油，倒出沥油。

3. 锅内留底油烧热，投入干辣椒节炒至棕色，加姜片、蒜片炒香，下入茶叶，加精盐翻炒至断生，再放入煸炒好的腊肉，然后加精盐、味精、鸡精、葱节翻炒，起锅装盘即成。

茶卤八爪鱼制法

1. 此菜是在五香卤水的基础上加普洱茶增香卤制成的。把八爪鱼清洗干净，入沸水锅里焯水后，再放在用普洱茶调制的茶香卤水锅里，小火慢卤至熟。

2. 卤熟后捞出，另拿盆用原卤油和茶油一起泡制，出菜时再撺出，与青柠片、炸酥的茶叶、芽苗菜同装盘即成。因卤油浸泡时加有茶油，故成菜香味特别。

茶香银鱼仔制法

1. 小银鱼入盆，加入铁观音茶水、姜葱水、盐等腌渍待用。

2. 另取面粉、糯米粉和泡打粉放盆里，再加入少许饴糖（为了粘得更牢，同时也能增添一点甜味）和清水，调成脆浆糊待用。

3. 锅里放色拉油烧至四成热时，把腌好的小银鱼裹匀脆浆糊，放油锅里炸至表面膨胀定型时，暂且捞出来，待锅里油温升至五成热时，下锅复炸至表面微黄酥脆。

4. 把泡过的铁观音茶叶也下锅炸香，捞出来沥油后，与炸好的银鱼一起装盘，最后撒入椒盐即成。

做一做

你还知道哪些茶美食呢？写一写。

你学会做哪道菜了？试着做给父母品尝。

第10课　茶之礼——品茶

资料链接

寒　夜

宋　杜耒

寒夜客来茶当酒，竹炉汤沸火初红。
寻常一样窗前月，才有梅花便不同。

问题与思考

主人在以茶待客时以礼待人，那么作为接受款待的一方，客人在饮茶之时，又该怎么做呢？

当主人上茶之前，向自己征求意见，询问大家"想喝什么"的时候，如果没有什么特别的禁忌，可以在对方所提供的几种选择之中任选一种。

主人为自己上茶时，在可能的情况下，应当即起身站立，双手捧接，并道以"多谢"，不要视而不见，不理不睬。当其为自己续水时，亦应以礼相还。其他人员为自己上茶、续水时，也应及时以适当的方式向其答谢。

如果对方为自己上茶、续水时，自己难以起身站立、双手捧接或答以"多谢"时，至少应向其面带微笑，点头致意，或者欠身施礼。

品茶时，应一小口、一小口地细心品尝。在饮茶时，要懂得细心品味。这样做，不仅体现着自身的教养，而且也是待人的一种礼貌的做法。

交流与评价

在端起茶杯时，应以右手持杯耳。端无杯耳的茶杯，则应以右手握茶杯的中部。不要双手捧杯，不应以手端起杯底，或是用手握住茶杯杯口，看看谁做得最好？

想一想

"苦是茶的真味，也是生命的真味，好茶总是先苦后甘"是什么意思？

收获与分享：

通过今天的学习，你有什么收获？与大家分享一下吧！

四年级(上册)

第1课 茶之路(上)

自公元5世纪,中国茶向东传播开始,现在全世界有60多个国家种茶,寻根溯源,世界各国最初所饮的茶、引种的茶种,以及饮茶方法、茶树栽培和加工技术、茶风茶俗、茶礼茶道等,甚至"茶"的发音,都是直接或间接地由中国传播出去的。这节课就让我们跟随这一片叶子的足迹,追溯古往今来的"茶之路"。

交流分享

- **"丝绸之路"与茶的传播**

"丝绸之路"的基本走向形成于两汉时期。其东面的起点是西汉的首都长安(今西安)或东汉的首都洛阳,经陇西或固原西行至金城(今兰州),然后通过河西走廊的武威、张掖、酒泉、敦煌四郡,出玉门关或阳关,穿过白龙堆到达罗布泊地区的楼兰。

这是自汉武帝时张骞两次出使西域以后形成的"丝绸之路"的基本干道,也就是说,狭义的"丝绸之路"就是指上述的道路。

本教材中所说的作为茶叶传输路线之一的丝绸之路是狭义上的概念,是根据中国茶叶的发展于陆路的、中世纪的茶叶运输路线。

- **"茶马古道"**

"茶马古道"源于古代西南边疆的茶马互市,兴于唐宋,盛于明清,第二次世界大战中后期最为繁荣。"茶马古道"主要有三条线路,即青藏线(唐蕃古道)、滇藏线和川藏线。在这三条古道中,青藏线兴起于唐朝时期,发展较早;而川藏线在后来的影响最大,也最为知名。

- **草原茶路**

10世纪时,蒙古商队来华从事贸易时,将中国的茶叶砖从中国经西伯利亚带到了中亚以远。到元代,蒙古人远征,创建了横跨欧亚大陆的大帝国,中国文明随之传入了西方。茶叶开始在中亚饮用,并迅速在阿拉伯半岛和印度传播开来。草原茶路不仅开通了欧亚地区的商贸往来,而且把中华文化以及草原文化积极地传播开来。

- **海上茶路**

中国茶叶南传到中南半岛,始于明朝郑和下西洋时期。同时,向西传播到非洲、欧洲、美洲,向东则传播至朝鲜和日本。中国茶叶向中南半岛的传播由来已久。自永乐三年(1405)至宣德八年(1433)的28年间,郑和率众7次远航,途经南洋、西洋、东非等地的30余个国家,加深了中国与世界各地的贸易和文化交流。

> **说一说**

结合古代的"茶之路",说一说你对今天"一带一路"的看法。

第2课　茶与人生——苏轼、唐寅

中国是茶叶的故乡，茶文化渊远流长。茶作为一种文化现象，与我国人民的生活密切相关。从古至今，许多名人与茶结缘，不仅写有许多对茶吟咏称道的诗章，还留下不少煮茶品茗的趣事轶闻。

资料链接

茶人茶事——苏轼

在中国文坛，有"李白如酒，苏轼如茶"之喻。

他通过品茶来体悟人生、感知玄理，并努力从中寻求心灵的解脱。这也成就了苏轼茶香四溢的传奇一生。正如后人所评价："读苏轼诗文，染茶味清香。"

相传宋代大诗人苏东坡在一次出游时，来到一座庙中休息，庙中主事的老道见苏东坡相貌普通，衣着简朴，便对他态度冷淡，说了声："坐！"又对道童说了句："茶。"等到苏东坡坐下，二人交谈之后，老道才觉得客人才学过人，来历不凡，于是把苏东坡带到厢房中，客气地说道："请坐！"并对道童说："敬茶。"二人经过深入交谈，老道才知道原来对方是著名的大诗人苏东坡，顿时肃然起敬，连忙说道："请上座。"并把东坡让进客厅，并吩咐道童："敬香茶。"苏东坡在客厅休息片刻，准备告别老道离去。老道连忙请苏东坡题写对联留念。苏东坡淡然一笑，挥笔写道："坐请坐请上坐；茶敬茶敬香茶。"老道看完后，顿时面红耳赤，羞愧不已。

问题与思考

1. 你能理解苏轼所题对联的含义吗？
2. 你知道苏轼写过哪些关于茶的诗词？

资料链接

茶人茶事——唐寅

唐伯虎一生爱茶，与茶结下不解之缘。他爱茶，喝茶写茶画茶，《事茗图》是他茶画中一幅体现明代茶文化的名作。此画是山水人物画，描绘了文人学士悠游山水间，夏日相邀品茶的生活情景：群山飞瀑，巨石巉岩、青山环抱，林木苍翠，溪流潺潺，参天古树下，有茅屋数间。茅屋里一人正聚精会神倚案读书，书案一头摆着茶壶、茶盏诸多茶具，靠墙处书画满架。边舍内一童子正在煽火烹茶。舍外右方，小溪上横卧板桥，有客策杖来访，身后一书童抱琴相随，透过画面，似乎可以听见潺潺水声，闻到淡淡茶香。

《品茶图》轴，纸本，现藏台北故宫博物院。画面充满春天气息，春见山容，巨石高耸，茶山翁郁，茶树层叠，野树短篱，树丛中，似一特写镜头中，出现茅屋两间，错落相连，一间向南敞开，左下角童子扇炉煮水，正中坐一雅士，右手握茶盏，左手持书卷，像与童子谈茶论诗，人物的翛然之态溢出画外，让人看到的画中人，不是在应付人生失意之苦，只见一缕乾坤清气，充溢画面；后间门南窗东，见一老者与童子，似在炒着峰前峰后摘得的春芽。

交流与评价

唐寅的代表茶画《事茗图》和《品茶图》各有什么特点？

收获与分享:(画一画)

1. 通过这一节课的学习,你有什么收获?快与其他同学分享吧!

2. 画一画我们的家乡——江北第一绿茶小镇。

第 3 课　茶诗悠悠茶韵浓

茶　诗

五代后晋　郑遨

嫩芽香且灵，吾谓草中英。
夜白和烟捣，寒炉对雪烹。
惟忧碧粉散，常见绿花生。
最是堪珍重，能令睡思清。

读一读

这首诗读起来朗朗上口，请你大声读一读吧。试着读出它的节奏来。

资料链接

郑遨（866—939），字云叟，唐代诗人，滑州白马（河南滑县）人。传他"少好学，敏于文辞"，是"嫉世远去"之人，有"高士""逍遥先生"之称。

交流与评价

茶诗是中国源远流长的诗歌长河中一朵跳脱灵动的浪花。茶诗是所有爱茶之人的文化追求，一首首茶诗，既称颂了茶的"敌昏渴""陶性情"之功，往往更兼具哲性的思考，脍炙人口，美不胜收。

拓展与创新

　　同学们，我们生活在"茶乡"巨峰，你对"茶"一定也有所了解，请你也试着写一首"茶诗"吧。

第4课　家乡的茶园

问题与思考

你是否留意过家乡茶园的美？你会怎样赞美它呢？

资料链接

写景方法有哪些？

（一）由近及远，由远及近，由上而下，由下而上，由里到外，由外到里，或由中间到四周等等有次序地描写，要主次分明，详略得当。

（二）按景物的类别来写，如山、水、花、鸟，瀑、石、峰、洞，亭、台、楼阁等。要写出景物的光、色、味；既要写它的静态，也要写它的动态，还可以写出它的环境气氛。

（三）抓住在不同季节里景物的不同特点进行描写，不要硬编乱造，凭自己的想象来写。

（四）若让人、景、事三者交融一体来写，可以使作文更为感人。

活动广角

你学过或读过哪些写景的文字？能推荐一两篇吗？

我们练一练

第5课　我是茶具设计师

我设计的茶具造型奇特、美观，还有很多神奇的功能！快动手吧，做个有创意的茶具设计师！

学习要求：

观察：茶具有什么共同点？

思考：你设计的茶具有哪些特色？

尝试：画出你设计的茶具。

讨论：你的设计意图是什么。

学生作品

拓 展

利用太空泥等材料制作立体的茶具。

1 捏出一个扁球体。

2 粘上弯曲的壶嘴和把手。

3 粘一个扁圆形的壶盖，盖子粘上球形提钮。

4 在茶壶肚上粘上装饰物完成。

第6课　正确地打开腔体

首先强调的是打开腔体，即常说的打开喉咙。打开腔体最常用的方法是深呼吸。自如地深呼吸，感觉一股凉气顺着鼻腔进入（此时小舌头、软腭随之向上拉起），顺畅地通过后边的通道进入小腹站定，这样腔体就打开了。

这种状态是为了学生更容易体会整体歌唱的感觉。歌唱的主要通道是喉咽部以上、以下，即后边这个通道，这个通道上通鼻咽腔、头腔，下通喉腔、胸腔，打开腔体就是指打开这个通道。在打开腔体过程中，一定要注意"自然"二字。我们只须用深呼吸的力量来打开腔体即可，任何多余的力量都是错误的，千万不可滥用力量。否则就可能发生一些常见的毛病，如用力下压喉头、虚撑开大喉头、张大嘴巴、哈欠打过头等。

喉咙打开的问题，在打开腔体的过程中同时得到解决。喉咙的位置随深吸气，同时自然放下，放在什么地方，这要凭教师的耳朵来听，来告诉学生应放在那里。标准是，既能得到丰富的共鸣，又保持优美的音色，同时声音运用自如。深呼吸是打开喉咙的法宝，没有脱离深呼吸打开喉咙的方法。在发声过程中，吸着气的状态是保持打开腔体稳定来歌唱的最好的方法。在学习过程中，有的学生常错以为打开喉咙就是打开喉咙口，使喉咽部打开撑大，结果使喉咙底部没有打开，反而缩小。打开喉咙指的是打开喉咙底部。

练声曲：

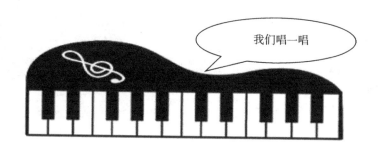

高年级

二声部练习：

（一对一）

$$\begin{cases} 1\ \ 2\ |\ 3\ \ 4\ |\ 5\ \ 6\ |\ 7\ \ \dot1\ |\ 7\ \ \dot1\ |\ \dot1\ \ 7\ |\ \dot1\ \ 7\ |\ 6\ \ 5\ |\ 4\ \ 3\ |\ 2\ \ 1\ \| \\ \text{Do re mi fa sol la si do si do do si do si la sol fa mi re do} \\ 1\ \ 2\ |\ 1\ 2\ |\ 3\ 4\ |\ 5\ 6\ |\ 7\ \ \dot1\ |\ \dot1\ 7\ |\ 6\ 5\ |\ 4\ 3\ |\ 2\ 1\ |\ 2\ 1\ \| \\ \text{Do re do re mi fa sol la si do do si la sol fa mi re do re do} \end{cases}$$

$$\begin{cases} 1\ 2\ |\ 3\ 4\ |\ 5\ 6\ |\ 7\ \dot1\ |\ 7\ 6\ |\ 5\ 4\ |\ 3\ 2\ |\ 1-\ |\ 1-\ \| \\ 0\ 0\ |\ 1\ 2\ |\ 3\ 4\ |\ 5\ 6\ |\ 7\ \dot1\ |\ 7\ 6\ |\ 5\ 4\ |\ 3\ 2\ |\ 1-\ \| \end{cases}$$

说明：这条轮唱式的音阶练习曲有两个方案，两个声部都是一个四分音符对一个四分音符。为了便于初学者演唱，第一方案用一起开始一起结束的方法。第二方案则用不同开始一起结束的方法。

（一对二）

$$\begin{cases} \dot1\ \ 7\ |\ 6\ \ 5\ |\ 4\ \ 3\ |\ 2\ \ 1\ |\ 1\ \ 2\ |\ 3\ \ 4\ |\ 5\ \ 6\ \dot1\ |\ 7\ \ \dot1\ 0\ \| \\ \underline{\dot1\ 6\ 7\ 5}\ |\ \underline{6\ 4\ 5\ 3}\ |\ \underline{4\ 2\ 3\ 1}\ |\ \underline{2\ 7\ 1\ 0}\ |\ \underline{1\ 3\ 2\ 4}\ |\ \underline{3\ 5\ 4\ 6}\ |\ \underline{5\ 7\ 6\ \dot1}\ |\ \underline{7\ 2\ \dot1\ 0}\ \| \end{cases}$$

说明：这是一首同度和三度和声的练习曲，两个声部都是一个四分音符对两个八分音符。在唱第二遍时两组同学可调换声部。本曲也可不用唱名改用"啦"唱。

（一对三）

$$\begin{cases} \dot1--\ |\ 7--\ |\ 6--\ |\ 5--\ |\ 4--\ |\ 3--\ |\ 2--\ |\ 1--\ \| \\ \dot1\ 7\ 6\ |\ 7\ 6\ 5\ |\ 6\ 5\ 4\ |\ 5\ 4\ 3\ |\ 4\ 3\ 2\ |\ 3\ 2\ 1\ |\ 2\ 1\ 7\ |\ 1--\ \| \end{cases}$$

说明：这是一首同度、二度和三度和声的练习曲，两个声部分别为一个附点分音符对三个四分音符。高声部在演唱时要注意稳定性。低声部各小节内的三个音要唱得连贯。

谱例及训练要领：

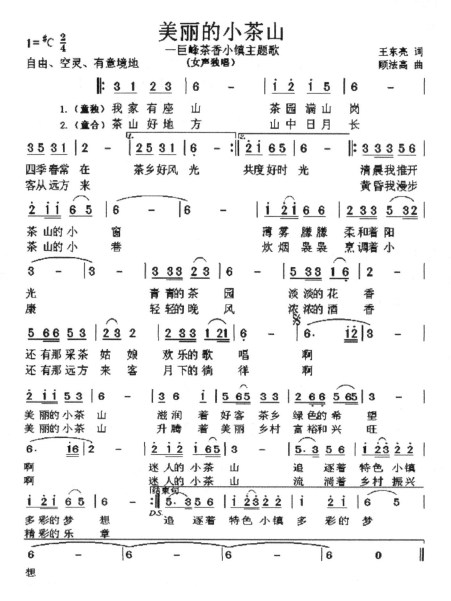

注释：《美丽的小茶山》是一首创作歌曲，这首歌曲中加入了大音程的跳跃，音域在短时间跨度较大，要注意音准。这首歌还可以巩固前面学习到的跳音的演唱，歌曲清新自然、旋律优美流畅，表达人们对家乡的赞美和特色小镇发展的美好明天。

演唱台

通过今天的学习，你对所学歌曲掌握的怎样？请大声唱出来和我们分享一下吧！

第7课　压　腿

> 技能学习

音乐六八拍

　　[前奏]准备动作：左后"吸腿竖叉"、右腿在前，双手扶地，身向3点(见场记八)。

　　[1]做"吸腿竖叉前压腿"。

　　[2]上体抬起还原。

　　[3]—[4]同[1]至[2]动作。

　　[5]—[6]同[1]至[2]动作。

　　[7]—[8]左"转体"成左"盘腿横叉"，身向1点。左"托按手"。

　　[9]—[14]做"盘腿横叉旁压腿"。节拍同[1]至[6]。

场记八

　　[15]—[16]左"转体"成左前"盘腿竖叉"，身向7点，双手扶地。

　　[17]—[22]做"盘腿竖叉压后腿"，节拍同[1]至[6]。

　　[23]—[24]摆塑式。

> 舞蹈组合学习

舞蹈剧目《美丽的小茶山》

注意事项

　　第一，向前"压腿"时要用腹、胸向下压，直至贴靠前腿上，要用头去靠脚，不可驼背。

　　第二，"盘腿竖叉"或"吸腿竖叉"的一条腿弯曲，但另一条腿一定要伸长。

　　第三，"旁压腿"时，"托掌"一侧要伸长，"按掌"一侧的亦要伸长并向腿部压挤，直至贴靠在腿上。"按掌"手要扶地。

　　第四，向后"弯腰"，是弯"胸腰""中腰"和"大腰"。

　　一般情况下，我们东方国家的孩子，腰、腿的柔韧性较西方人更好。尤其是儿童的腰、腿都比较软,腰、腿功并不难练。教师要在施教中注意掌握分寸。适度的练习一般不会出问题;过度的练习,会影响发育,也可能造成损伤。

展示台

结合所学的动作,自编舞蹈,大胆向同学们展示自己。

第 8 课　茶叶的包装

问题与思考

你看到这些茶叶的包装有什么感受？

学习目标

1. 了解当前茶叶的包装形式。
2. 参观当地茶厂茶叶的包装流程。
3. 为家乡绿茶设计一款包装，为家乡代言，增强对家乡的感情。

小小调查

通过多种形式调查当前的茶叶包装，把你调查的情况写出来。

> **实地参观**

走进当地茶厂的包装车间,看看他们是怎么包装茶叶的。把茶叶包装的流程写出来。

> **资料链接**

茶叶包装机

茶叶包装机适用于种子、医药、保健品、茶叶等物料的自动包装。本机可实现内外袋同时包装。可自动完成制袋、计量、充填、封合、分切、计数等工序。具有防潮、防气味挥发、保鲜等功能。它的包装范围广泛,代替了手工包装,为大型企业、中小规模企业实现了包装自动化,提高了各行各业的生产效率,大幅降低了成本。

> **小小设计师**

发挥自己的想象力,为家乡绿茶设计一款中意的包装,动手吧!

第9课　不同茶的冲泡方法

不同的茶叶有不同的习性，故泡茶有方，顺应其茶性冲泡出来的茶，才能最大限度发挥这一片片自然之叶通窍、养肤、清心等神奇效用。

根据制造方法的不同和品质上的差异，可以将茶叶分为绿茶、红茶、白茶、黄茶、黑茶五大类。

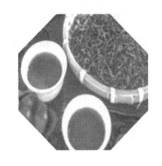

资料链接

1. 绿茶

绿茶比较细嫩，不适合滚烫的沸水冲泡，水温以80~85度为宜，茶水比例1∶50为佳，冲泡时间为2~3分钟，泡出来的茶汤色清脆碧绿而透明清澈，最好现泡现饮。瓷杯冲泡时先用四分之一的水把茶叶润一润，过20秒或半分钟再冲水饮用，一般不盖盖子，否则茶汤会发黄。

2. 红茶

红茶最好用刚沸煮的水，用水量与绿茶相当，冲泡时间以3~5分钟为佳。红茶最好用盖碗和紫砂，用盖碗能泡出它原味的口感，各方面层次分明，所以在试茶样时，都是用盖碗，方便闻香，能够准确地评出一泡茶的优缺点，但保温性没有紫砂好；有心情有情趣养壶就用紫砂。

3. 白茶

白茶冲泡选用上好的水是最重要的，由于白茶冲泡要求原料细嫩，叶张较薄，所以冲泡时水温不宜太高，一般掌握在85度~90度为宜。白茶冲泡选用透明玻璃杯或透明玻璃壶。

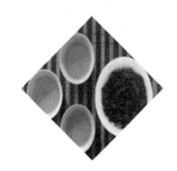

4. 黄茶

黄茶属于轻发酵茶。其茶质细嫩，水温太高会把茶叶烫熟，所以冲泡温度最好在 85 度~90 度。冲泡黄茶，按照茶具容量放入四分之一茶叶，也可依据自己的口味进行斟酌增减。黄茶第一泡的最佳冲泡时间为 30 秒，第二泡延伸到 60 秒，第三泡再延伸至大概 2 分钟，这样泡出来的茶汤口感更佳。

5. 黑茶

黑茶是后发酵茶，在储存中仍然可以随着时间的推移进行自然的陈化，在一定时间内，还有越陈越香的特点。黑茶不仅功效突出，而且不影响睡眠，特别适合晚上饮用。

黑茶冲泡时也要用 100 度的沸水。第一次冲泡黑茶，要用 10 秒~20 秒快速洗茶，即先把茶叶放入杯中，倒入开水，过一会儿把水倒掉，再倒入开水，盖上杯盖。

这样不仅滤去了茶叶的杂质，而且使泡出的茶汤更香醇。后续冲泡时间常为 2~3 分钟。黑茶一般用专业的茶具来泡，紫砂壶、盖碗杯都可以，投放量一般是绿茶的两倍。

交流分享

试着用所学的茶的冲泡方法，给父母泡一杯茶。

记一记

> 绿茶清新宜人；
> 红茶醇厚甘美；
> 白茶清淡爽滑；
> 黄茶清香甘甜；
> 黑茶浓郁厚实。

第10课 中国茶道文化——茶与佛

> **资料链接**

公历纪元前后，印度佛教开始由印度传入中国，经长期传播发展，形成具有中国民族特色的中国佛教。

> **问题与思考**

你知道吗？佛教和茶早在晋代结缘。了解一下其中的故事吧。

茶与佛的因缘

茶与佛是两种不同的文化现象，它们之所以相生与共，这与其历史起源有关。

佛教在汉代传入中国，这恰好与茶在中国被广为栽培同时间；佛教盛于唐，与饮茶习俗遍及中国也几乎同步，它们之间有一种内在的联系。

从地点看，高山峻岭终年云雾缭绕，空气湿度大，最适宜茶树生长；同时，高山密林远在红尘之外，是追求"远避尘世，静宜诵颂"的佛教修建寺庙最理想的地方。茶与佛事基于各自的理由，一同扎根于高山。

纵观茶史，茶经历了由天然采集到人工栽培的漫长转折的岁月过程，首开茶树培植之先河的，大多是寺院的僧人。

佛教对茶道发展的贡献

我国有"自古名寺出名茶"的说法。近代的很多名茶也与寺庙或僧人有关。如"黄山毛峰"主产于松谷庵、云谷寺，"六安瓜片"产于齐云山水井庵，"霍山黄芽"产于长岭庵。僧人对茶的需要从客观上推动了茶叶生产的发展，同时为茶道提供了物质基础。佛教对茶道发展的贡献主要体现在三个方面：

第一，高僧们写茶诗、吟茶词、作茶画，或与文人唱和茶事，使茶文化的内容得到了丰富。

第二，佛教"梵我一如"的哲学思想及"戒、定、慧"三学的修习理念，深化了茶道的思想内涵，使茶道更具神韵。

第三，佛门的茶事活动客观上促进了茶文化的传播，并丰富了茶道的表现形式。

> **想一想**
>
> 你知道佛教对茶道发展的贡献有哪些吗？

四年级(下册)

第1课　茶之路（下）

世界各国最初所饮的茶、引种的茶种，以及饮茶方法、茶树栽培和加工技术、茶风茶俗、茶礼茶道等，甚至"茶"的发音，都是直接或间接地由中国传播出去的。这节课就让我们跟随这一片叶子的足迹，追溯通往东西方的"茶之路"。

问题与思考

你对国外饮茶习俗有哪些认识？

交流分享

（一）茶在东亚的传播

1. 传入朝鲜半岛

茶在东亚的传播从朝鲜开始。公元4世纪末5世纪初，茶叶传到朝鲜半岛。高丽王朝时期韩国茶礼形成。高丽在吸收、消化中国的茶文化后，开始形成了本民族的茶礼文化。

2. 传入日本

日本盛德年代，中国向日本传播文化、艺术和佛教，也将茶传到日本。唐德宗贞元，日本高僧最澄禅师到天台山国清寺留学，他在回国时带去茶籽栽种于日本近江国日吉神社旁。空海和尚则带着茶籽种植在京都高野山金刚寺等地。最澄和空海两人被认为是在日本种茶的始祖。

南宋时期日本荣西法师居华时，南宋饮茶之风正盛，因此得以领略各地饮茶风俗，熟悉当时寺院的饮茶方法，得悟禅宗茶道之理。荣西回国后，根据我国寺院的茶道仪规，制定了饮茶仪式，成为日本茶道仪规的基础。

（二）茶在欧洲传播

1. 传入葡萄牙

明朝嘉靖年间（1522—1566），葡萄牙传教士和商人就到达中国广州、澳门等地，了解当地居民饮茶的情形。嘉靖三十六年（1557），葡萄牙商船不断运输茶叶到欧洲牟取高额利润，并把茶叶运销法国、荷兰等，直到荷兰和英国取代了葡萄牙的贸易地位。

2. 传入荷兰

1610年，荷兰东印度公司将从中国和日本买来的茶叶集中于印度尼西亚的爪哇，然后运回荷兰，1650年，将武夷山红茶输送到欧洲。荷兰是欧洲最早饮茶的国家之一。茶叶初传入荷兰时，将其陈列在药铺里出售，商人们宣传它是灵丹妙药，饮茶之风日渐风行。最初，茶还仅是作为宫廷和豪富社交礼仪和养生健身的奢侈品，逐渐风行上层社会。

3. 传入英国

1644年，英国东印度公司开始直接进口中国茶叶。1662年酷爱饮茶的葡萄牙公主凯瑟琳嫁给英王查尔斯二世，推动了英国社会饮茶风尚的形成。

19世纪初，饮茶之风在英国已经形成，并开始形成"下午茶"的习惯。所谓"维多利亚下午茶"成了正统的"英国红茶文化"。目前，80%的英国人每天饮茶。茶叶消费量约占各种饮料总消费量的一半，英国的人均茶叶消费量也位居世界前列。

（三）茶叶在美国和俄罗斯的传播

1. 传入美国

17世纪中叶，茶叶随同欧洲移民传到美洲。美国独立后，茶叶是中美最先通商的货物，美国人喜欢方便快捷的饮茶方式，以冰茶、速溶茶的茶水为主，大多在用餐时饮用。2010年，美国卫生部把绿茶列为向全民推荐的健康食品之一。

2. 传入俄国

明崇祯十三年（1640），俄国沙皇的使者瓦西里·斯达尔科夫出使蒙古，可汗的兄弟亲自煮茶招待他。回国时阿尔登汗赠送的礼物中包括了200包茶叶。这是俄罗斯饮茶的开端。

由晋商输入的茶叶有福建武夷茶、安徽茶和湖南茶。其中，红茶、砖茶主要来自湘鄂等地。

收获与分享：

1. 说一说：你从茶的传播之路中，看到了什么？
2. 在实现中华民族伟大复兴中，你有"茶之梦"吗？

第2课　茶与人生——老舍

中国是茶叶的故乡，茶文化渊远流长。茶作为一种文化现象，与我国人民的生活密切相关。从古至今，许多名人与茶结缘，不仅写有许多对茶吟咏称道的诗章，还留下不少煮茶品茗的趣事轶闻。

资料链接

茶人茶事——老舍

茶与文人确有难解之缘，茶似乎又专为文人所生。茶助文人的诗兴笔思，有启迪文思的特殊功效。饮茶作为一门艺术、一种美，自古以来就为文人的创作提供了良好的环境条件。我们熟知的老舍先生，也会是一个爱茶之人。茶是老舍先生一生的嗜好，今天我们就来看看老舍先生与茶又有怎样的故事。

说到茶，自然会想到老舍和他的《茶馆》，他认为"喝茶本身是一门艺术。"他在《多鼠斋杂谈》中写道："我是地道中国人，咖啡、可可、啤酒皆非所喜，而独喜茶"，"有一杯好茶，我便能万物静观皆自得"。

《茶馆》创作于1957年，被视为老舍后期创作中最为成功的作品，也是当代中国话剧舞台上最优秀的剧目之一，曾被西方人誉为"东方舞台上的奇迹"。我们常说艺术源于生活，《茶馆》也有深厚的生活基础。两岁时，老舍的父亲在抗击八国联军入侵的巷战中阵亡，全家依靠母亲给人缝洗衣服和充当杂役的微薄收入为生。他从小就熟悉社会底层的城市贫民，十分喜爱流传于北京市井和茶馆中的曲艺戏剧。老舍的出生地是北京小杨家胡同附近，在那里附近驻足观看里面的热闹景象。成年后，他喜欢与朋友一起到茶馆啜茗谈天。

老舍对北京茶馆有一种特殊的亲近感。他对茶的兴趣很浓，不论绿茶、红茶、花茶，他都爱品尝，一边写作一边品茶更是他的工作习惯，他的茶瘾很大，一日三换茶，泡得浓浓的。有人问到为什么写《茶馆》，老舍回答道："茶馆是三教九流会面之处，可容纳各色人物。一个大茶馆就是一个小社会。这出戏虽只三幕，可是写了五十来年的变迁。"

《茶馆》为三幕话剧，共有70多个人物，其中50个是有姓名或绰号的，这些人物的身份差异很大，有曾经做过国会议员的，有宪兵司令部里的处长，有清朝遗老，有地方恶势力的头头，也有说评书的艺人、看相算合及农民村妇等等，形形色色的人物，构成了一个完整的"社会"层次。

　　剧本通过裕泰茶馆的盛衰，表现了清末至民国近50年间中国社会的变革。"茶馆"是旧中国社会的一个缩影，同时也反映了旧北京茶馆的习俗，《茶馆》也展示了中国茶馆文化的一个侧面。

交流与评价

　　你读过老舍的《茶馆》吗？交流一下你的阅读感悟。

收获与分享：
1. 通过这一节课的学习，你有什么收获？快与其他同学分享吧！
2. 写一写我们的家乡——江北第一绿茶小镇。

第 3 课　茶性高洁不可污

喜园中茶生

唐　韦应物

洁性不可污，为饮涤尘烦。
此物信灵味，本自出山原。
聊因理郡余，率尔植荒园；
喜随众草长，得与幽人言。

资料链接

韦应物(737—790)，唐代诗人，京兆长安(今陕西西安)人。曾为江州、苏州刺史等，世称"韦江州"或"韦苏州"。中唐时期山水田园派诗人的代表，其风格恬淡高远。这首诗借茶喻人，对茶的品格进行了歌颂。作者为官理政之余，在荒园中随意种下了茶树，不想茶树却慢慢长大，作者惊喜万分，好像有了一位可以交谈的朋友。在这里，通过茶树，人与自然沟通了，融为一体。茶树也被赋予了人的高洁的品格。

交流与评价

从神农发现了茶，茶便从山中走来，携圣洁与灵气，作为至清至洁之物出现在了人间。茶性高洁、恬淡，文人爱茶，源于茶被赋予了与文人精神内涵相同的内在品质。

配乐朗读

你喜欢这首诗吗？请你配上音乐读一读吧，试着读出"茶"的高洁之美。

第4课 家乡的茶

问题与思考

你知道茶是怎样制作出来的吗？你能介绍一下吗？

资料链接

传统手工炒制　　　　　　　　现代机器炒制

活动广角

茶叶制作到底需要哪些流程呢？让我们走进茶厂寻找答案吧！

_____

_____

_____

写一写：回顾你观察到的茶的制作过程，并把它写下来吧，注意语句通顺，过程完整，有自己的感受。

交流与评价

这堂课我的表现：
自己评　☆☆☆☆☆
小组评　☆☆☆☆☆
老师评　☆☆☆☆☆

第 5 课　欢庆茶丰收

奔放自由的农民画有东方毕加索之美誉，风格奇特，手法夸张。

农民画特点：

装饰性

平面性

夸张变形

构图饱满

色彩鲜艳

农民题材

学生作品

学习要求：

欣赏：色彩鲜艳的农民画。

思考：农民画的步骤是什么？

尝试：画一幅具有农民画特点的《欢庆茶丰收》。

资料链接

日照农民画兴起于二十世纪六十年代，与上海金山、陕西户县，并称为中国"三大农民画乡"。1988年,日照被文化部首批命名为"中国现代民间绘画画乡"。2006年4月10日,日照农民画申报第一批国家级非物质文化遗产,这是山东省农民画申报第一批国家级非物质文化遗产的唯一代表。

  近半个世纪以来,日照农民画创作作品数千件,其中100多件在全国展览中获奖,80余件被国家收藏,另有300余件被文化部作为对外交流项目带到国外展出。作品洋溢着浓郁的乡俗乡韵,给人以强烈的美学享受。春耕秋收、打井修渠、养鸡养鸭、采桑捕鱼、休闲娱乐等生活与劳作场面,在农民的画笔下显得活龙活现,手法大胆,色彩感强烈,情感真挚。

第6课　如何用气息支持声音

小腹支持　所谓支持，就是把吸近来的气保持住，不让它跑掉，保持用吸气的感觉来歌唱。人们常说"歌唱的艺术就是呼吸的艺术"，虽有夸张之处，但却说明了呼吸控制的重要意义。在讲如何支持之前，首先来说明吸气的部位，我们自如地坐在椅子上，双腿分开，两肘放在膝盖上，这时吸气，会感到吸的深度与力量是在腰围、后背、后腰，并且有膨胀的感觉，这就是吸气的部位。我们站起来也要找到同样的感觉，吸到同样的深度、同样的部位。找到了吸气的部位，我们来说明为什么要用小腹支持？我们知道最常说的是横隔膜支持，所说的小腹支持只不过是横隔膜支持的一种变相说法而已，只是为使学生更易懂罢了。

小腹支持是这样的：保持吸气的状态，小腹微微内收，感觉声音是站在小腹上，小腹源源不断地供气把声音输送出去。小腹的支持可以简化为支点的支持，想象肚脐下的一点是一个弹性支点，声音是靠这个支点的支持发出来的。

练习曲：

高年级

《春天来到了》

1=F 4/4

1 2 3 4 5 i ｜ 5 — — — ｜ 6 — — — ｜ 5 — — — ‖

1 2 3 4 5 5 ｜ 3 — — — ｜ 4 — — — ｜ 3 — — — ‖

1 2 3 4 3 3 ｜ 1 — — — ｜ 2 — — — ｜ 1 — — — ‖

春天 春天　来到　　了。

说明：e、ao、an 韵母演唱要轻松。三声部声音和谐、音色统一。

《半个月亮爬上来》

1=F 2/4

$$\begin{Bmatrix} \underline{3\ 4} \mid 5\quad 5 \mid \underline{5\ \underline{4}} \mid \underline{3^\#\ 2}\ 3 \mid \underline{3\ 5}\ \underline{4\ 3} \mid \underline{2^\#\ 1}\ 2 \mid 3.\ \underline{3} \mid 3 - \| \\ \underline{1\ 2} \mid 3\quad 3 \mid \underline{3\ 2}\ \underline{1\ 7} \mid \underline{1\ \underline{3\ 2}}\ \underline{1} \mid \underline{7\ 6}\ 7 \mid 1.\ \underline{1} \mid 1 - \| \end{Bmatrix}$$

半个 月 亮 爬 上 来 伊 啦 啦 爬 上 来.

说明：高位置的和谐演唱，注意变化音的音准。

《月亮爬上小树梢》

1=G 3/4

$$\begin{Bmatrix} 6\quad \underline{6\mid 1\ 6} \mid 3\ 3 \mid 3 - \underline{2\ 4} \mid \underline{3\ 1} \mid 2\ 2 \mid \underline{2\ 1} \mid 6 - \| \\ 6\quad \underline{6\mid 1\ 6} \mid 1\ 7 \mid 6 - \underline{6\ 2} \mid \underline{1\ 6} \mid \underline{7\ 1} \mid \underline{6\ 3} \mid 6 - \| \end{Bmatrix}$$

月 亮 爬 上 小 树 梢， 月亮 爬 上 小树 梢小树 梢.

要求：二声部音色和谐、统一，轻声演唱。

谱例及训练要领：

我也有个中国梦

张铜儿 词
王 龙 曲

1=♭E 4/4

5 5 4 3 | 1 1 1 1 2 3 - | 1 6 6 1 5 3 1 | 6 5 5 5 3 2 - | 5 5 4 3 |
我 问 爷 爷 什么是中国梦 爷爷说 不被欺凌 就是中国梦 我 问 奶 奶

1 1 1 1 2 3 - | 1 6 6 5 6 3 1 | 6 1 2 3 1 - | 5 5 4 3 | 1 1 1 1 2 3 - |
什么是中国梦 奶奶说 菜价不涨 就是中国梦 我 问 爸 爸 什么是中国梦

1 6 6 1 5 3 1 | 6 5 5 5 3 2 - | 5 5 4 3 | 1 1 1 1 2 3 - | 1 6 6 5 6 3 1 |
爸爸说 民族复兴 就是中国梦 我 问 妈 妈 什么是中国梦 妈妈说 健康幸福

6 1 2 3 1 - | 1 6 1 6· | 5 5 5 5 3 6 - | 4 4 4 6 5 5 5 2 | 3 3 3 4 5 - |
就是中国梦 我 问 老师 什么是中国梦 老师他说国富民强 就是中国梦

```
1  6 1 6· | 5555 36 - | 444 5 666 i | 7 765 - | 3 4 5 - |
我 问 老师    什么是中国梦    国富民强就是中国 梦 中国梦   中国梦

1111 1 2 3 - | 1 6 6  1 5 5 | 4443 2 1 2 - | 3 4 5 - |
我也有个中国梦    有校车 有周末   书包不是那么沉      中 国 梦

1111 i 7 6 5 - | 6 7 i i  5 7 i | 4 3 4 6 5 7 | i - - - | 3 4 5 - |
我也有个中国梦      乘着那 时光机  遨游美丽的 太  空        中 国 梦

1111 1 2 3 - | 1 6 6  1 5 5 | 4445 3 1 2 2 - | 3 4 5 - |
我也有个中国梦    有校车 有周末    书包不是那么沉      中 国 梦

1111 i 7 6 5 - | 6 7 i i  5 2 i | 4 3 4 6 5 7 | i - - - ‖
我也有个中国梦      乘着那 时光机  遨游美丽的 太  空
```

注释：这首歌曲加入了十六分音符，这个音型的处理是要连贯及快速平稳，用最自然、最喜欢的状态来演唱，这也是最宝贵的歌唱最初时的自然状态，要抓住这一感觉。这首歌曲要求演唱者运用清新优美的声音来演唱。通过对歌曲的学习，理解每一个中国人都有自己的梦想，激发学生为梦想奋斗，在聆听和体验中感受歌曲所表达的情绪。

演唱台

通过今天的学习，你对所学歌曲掌握的怎样？请大声唱出来和我们分享一下吧！

第7课 掰膀子

技能学习

音乐四三拍

[前奏]准备动作:"正步位"双手握纱巾自然下垂,身向8点,视1点。

[1]右脚始"前进步"走三步,同时双臂做"前大波浪"上提。

[2]左脚始"后退步"走三步,双臂落下。

[3]—[4]同[1]至[2]动作。

[5]站"大八字位"成身向1点。

[6]"掰膀子"向后环臂。

[7]"掰膀子"向前环臂。

[8]成"正步位",身向8点。

[9]—[10]原地"碎步",右手握纱巾抬至上位,左"旁按手",身向8点视巾。

[11]—[12]原地"碎步右转体"一周。

[13]—[16]同[5]至[8]动作。

[结束句]学生自由选择摆握纱巾塑式。

舞蹈组合学习

舞蹈剧目《采茶姑娘》

注意事项

第一,握纱巾"前大波浪"上提时,纱巾在头上方,与身体成垂直。不要缩肩伸颈、腆腹。

第二,握纱巾的宽度略比肩宽。肩关节不开的学生可以再宽一点。

第三,"掰膀子"向后和向前划立圆时,速度要均匀。要避免有甩动感,特别是在经过上位时,两臂必须同步,以免扭伤肩关节。

第四,"碎步"原地"转体"时,手臂和头先行,脚步要碎和稳,膝盖微屈放松。

第五,"碎步"要轻快,不可拖泥带水,否则会影响"旋转"。

一般来说,要求舞蹈者的肩关节要比普通人灵活,转动幅度大得多。"推指"练习是手腕和手指柔韧度的练习。但是,肩部关节的转动幅度如果不练习好,势必会影响手臂"舞姿"造型的完美。好的舞蹈演员手臂的"开度"和柔韧性都相当好。因此,必须十分重视手臂肩关节"开度"和柔韧性的训练。教师在进行动作训练时,可视学生手臂关节的"开度"情况,提出手握纱巾不同的间距;也要注意纠正个别学生急于求成的心理,以避免关节和肌肉拉伤。"碎步转"要慢速。教师要注意学生"旋转"时的"舞姿",不可因"旋转"而改变"舞姿"的准确性。

舞蹈品鉴

欣赏茶舞《茶飘香》,了解融入现代舞蹈元素的茶舞。

第8课　茶叶的销售

在茶市上，挨挨挤挤的摊位，熙熙嚷嚷的人群，异常热闹！

学习目标

1. 参观家乡的茶叶市场，了解茶叶的销售情况。
2. 设计广告词，为家乡代言，为巨峰绿茶代言。
3. 培养热爱绿茶、热爱家乡的情感。

实地调查

1. 实地调查巨峰镇有哪些茶叶市场？在什么位置？
2. 走进巨峰镇的大型茶厂，实地了解他们生产了大量的茶叶，他们是怎么样卖出这些茶叶的？

你见过吗？

议一议：你在茶叶市场见过这种现象吗？

在茶叶市场的茶摊上，很多自己家手工炒制的上等绿茶免费品尝，但却销货了了。这样上等的纯手工工艺的绿茶迟迟销路一般，怎么办呢？这样上好的茶卖不出去，全国各地很多想买好茶的顾客买不到这么好的茶，请你来帮他们想想办法。

小小推销员

碧波荡漾一抹香，茶不醉人人自醉，我们巨峰绿茶的味道清香扑鼻，令人陶醉，请你为家乡的绿茶写一段推荐词，让更多的人了解巨峰绿茶。

第9课 认识茶具及泡茶的基本礼仪

认识茶具茶

泡茶所用的基本茶具：茶壶、茶杯、茶海、茶漏、茶巾、茶盘。

1. 什么是茶道六君子？

茶筒、茶漏、茶针、茶匙、茶夹、茶勺

2. 茶道六君子的使用方法。

茶不仅是一种传统饮品，更是文化和艺术的体现。一个真正懂得喝茶的人，在懂得品茶的时候，肯定也懂得泡茶的礼仪。如果你在茶桌上失礼，即使懂得再多，那在别人心中也算不得入门。那么，泡茶都有什么礼仪呢?

（一）仪容仪表

泡茶的时候，女性要把长发挽起，以免头发掉落到茶汤里，而且妆容要以淡雅为主；手上不宜佩戴过多首饰；服装以配合茶会气氛或者茶具茶席为主，穿得朴素大方就好。

（二）泡茶姿势

泡茶时屁股坐在凳子的三分之一处，身体要坐正、腰杆要挺直，在泡茶过程中也要保持身体的端正，不要因为倒水、持壶而把身体歪到一边。另外在泡茶过程中要放松全身的肌肉，不要因为紧张而显得过于拘谨，当你心情和身体都放松下来的话，泡茶的动作才会显得优美，有一气呵成的感觉。

（三）清洁茶具

在泡茶之前，要先清洁茶具。就算茶具在之前已经清洗过了，还是得当着客人的面再清洗一遍。清洁茶具时不要用手触摸茶杯，而是用茶夹夹取茶杯用沸水进行清洁。

（四）泡茶倒茶

在泡茶的时候，有很多小细节需要注意，比如茶壶的壶嘴、公道杯的杯嘴都不能对着客人，一般都是横放；泡茶时不要发出过大的碰撞声。

在倒茶的时候要把公道杯用茶巾擦拭一下，然后再倒给客人，倒茶一般七分满就好，而且要按照辈分来倒，长者为先。

(五)奉茶添茶

奉茶也是有讲究的,奉茶的时候不能太高也不能太低,不能太远也不能太近,端茶的时候手要平且要稳,确保客人拿到茶的姿势是舒服的。当客人杯里的茶空了,得及时添上,不能让客人的茶杯空,除非客人表示不用再添茶了。

(六)更换茶叶

当茶叶泡得很淡、没有味道的时候,就需要及时更换新的茶叶了,否则客人会认为你在暗下逐客令。除非你接下来真的有事,而客人又一直不走,那就可以以不更换茶叶来暗示客人该离开了。

第10课　中国茶道精神

资料链接

古人云："茶有八德，德馨味厚。""康乐甘香，有八德处有嘉饮；和清敬美，无一物中无尽藏。"茶自古以来被誉为有君子之品，茶德是茶之于人的精神馈赠。

问题与思考

中国茶道经过多年的发展使得中国的茶道有着自己的精神内涵，那么中国茶道精神核心是什么呢？

"清"即清纯、清正。于茶而言，"茶语清心，心旷神怡。两腋生风，问君哪得清如许；众人喝彩，煎雪自来香满楼。""清"是茶固有的品质，人当如茶一样，单纯无暇，公正廉洁。

"敬"即礼敬、恭敬。于茶而言，"茶本时辰草，客为座上宾。茶斟七分满为敬，留得三分回味长。一苦，二甘，三回味，德馨味厚；九清，八旺，七敬茶，泉冽茶香。"人当如茶一样，对别人心怀恭敬，对自然心怀敬畏，敬而有礼，行而有范。

"雅"即文雅、高雅。于茶而言，不管是黎民百姓还是文人墨客，都将茶视为一种待客礼仪和生活仪式，他们或抒情寄怀，或吟诗作赋，将茶之雅诠释的淋漓尽致。然而，茶本清甘，雅致在人。人赋予了茶雅趣，人自身更应该做到言行文雅，品格高雅。

"真"即质朴、向真。茶清纯而质朴，没有任何添加，无需任何修饰便能沁人心脾，让人回味无穷。做人应当像茶，质朴纯真。做事、为学亦当如茶，不求纷繁表象，只求内在真源。向真既是一种品德，也是一种科学精神。

交流与评价

"清敬雅真"是展现在茶事活动中的美好精神。学校以此四种精神内涵定位学校精神，体现学校以茶立德的特色精神追求。你是否也以此为自己的目标与追求呢？

收获与分享:
　　通过今天的学习,你有什么收获?与大家分享一下吧!

五年级（上册）

第1课 茶 之 圣

陆羽(733—804年),字鸿渐,唐朝复州竟陵(今湖北天门市)人,一名疾,字季疵,号竟陵子、桑苎翁、东冈子,又号"茶山御史"。唐代著名茶学家,被誉为"茶仙",尊为"茶圣",祀为"茶神"。

问题与思考

你对陆羽有哪些认识

交流分享

(一)陆羽生平

据传记所述,陆羽是一个弃婴。被龙盖寺(今为西塔寺)住持智积禅师收养于寺中。竟陵太守李齐物在了解陆羽的身世后,送陆羽到火门山邹坤邹老夫子处就学,在陆羽读书期间和学成之后,也尽力支持他爱好与选择。当五年的读书生涯告一段落,陆羽选择了事茶之路,李齐物也给予了全力支持。

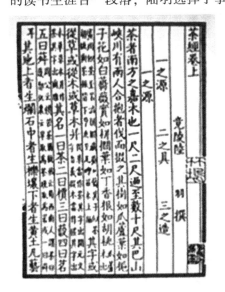

在陆羽的一生中,特别值得一提的还有他的忘年之交崔国辅。崔国辅是唐代著名诗人,知陆羽胸怀大志、文才出众、喜好品水弄茶,常常邀约郊游散步,品茶论道。这一老一少情趣相投、彼此尊爱,成为传唱千古的忘年之交。

(二)陆羽和《茶经》

唐天宝十三年春(754),陆羽满载成果回到竟陵。建中元年(780),《茶经》刻印成书,正式问世。

在中唐以前漫长的历史中,人们对茶的认识,仅能在诗文或传说中找到只言片语,没有形成一门系统的科学。直到旷世之著《茶经》的出现，才正式出现茶学。《茶经》内容涉及植物学、农艺学、生态学、生化学、水文学、药理学、历史学、民俗学、地理学、人文学、铸造学、陶瓷学等诸多方面，全面总结和记录了唐中期及唐以前有关茶的经验，展示了中唐以前各个历史时期茶文化的画卷。

《茶经》的问世，标志着中国茶学已形成一门科学。《茶经》不仅系统总结了当时的茶叶生产经验，详细收集了历代的茶叶史料，而且记述了作者亲身调查和实践的结果，成为中国古代最完备的一部茶书。

陆羽崇尚茶的"精神"，在《茶经·一之源》中提出茶之"为饮，最宜精行俭德之人""精行俭德"，既是茶道核心价值，也是茶人行为的准则，其要点是认真做事，清廉做人。

陆羽一生鄙夷权贵，不重财富，酷爱自然，坚持正义。《全唐诗》载有陆羽的一首歌，正体现了他的品质："不羡黄金罍，不羡白玉杯；不羡朝入省，不羡暮入台；千羡万羡西江水，曾向竟陵城下来。"

收获与分享：

1. 说一说：陆羽青少年期间，有哪些因素帮助他走向事茶之路？
2. 为什么说《茶经》为中华茶道奠定了基础？

第2课　茶乡传奇——南茶北引

《茶经》云：茶者，南方之嘉木也。而勤劳的日照人民成功地引种了这种嘉木。20世纪60年代，一场浩大的工程载入巨峰史册，南茶北引种植成功！自此，北纬35度的近海飘出茶香，后经三代人的呕心沥血、精心培育，成就了"南茶北引第一镇"，让巨峰成为与韩国宝城、日本静冈齐名的世界三大海岸绿茶基地！

资料链接

南茶北引

20世纪50年代，曾任浙江省第一书记的谭启龙在任山东省长之前，毛泽东同志在和他的一次谈话中提到：山东人口多，又爱喝茶，你到山东去工作，应该把南方的茶引到山东去。不久，谭启龙到山东任职后，便做出了在山东试种茶树的决定，拉开了"南茶北引"的序幕。

日照，是山东"南茶北引"范围最初确定的地点之一。1959年至1965年，日照县开始从福建、浙江引进茶籽，相继在大沙洼林场、国营刘家湾苗圃试种，结果茶苗皆因冻旱而枯死，试种没有成功。

当时，"南茶北引"对于日照人民来说最大的困难就是年年遇到的"冻害"和"干旱"的问题，茶树原产亚热带地区，喜温、喜湿，日照气候干燥，降雨偏少，冬季寒冷，茶树冻害一直是制约茶叶生产发展的主要瓶颈，那时日照县种植茶树的情况是"几乎可以算是一年一小冻，四年一大冻"，仅10年间，就发生过两次特大冻害灾害。

面对新生事物，需要经历实践认识、再实践再认识，直至掌握了规律，才能有成功的把握。这一时期尽管灾害不断，但是日照人民仍然想尽办法克服各种困难，在实践中摸索出了对付干旱、冻害两大困难的各种方案。比如通过"一选"（选地形，选适合茶树生长的地形），"两定"（定人员，定要求），"把三关"（出苗关，修剪养蓬关，越冬关），"四结合"（种茶与深翻改土相结合；与养猪积肥相结合；和兴修水利相结合；与植树造林相结合），由此达到茶树"五不死"（旱不死，涝不死，晒不死，冻不死，病虫害不死）的目的。在种植过程中以搭挡风帐、浇越冬水、施越冬肥、增强茶树自身的抵抗力来减轻冻旱给茶叶带来的危害，使得茶树由最初的试种最终得以在日照扎根。

资料链接

南茶北引

巨峰拥有近似江南茶乡的优越气候和土壤条件，这使"南茶北引"成为可能。巨峰镇位于日照市岚山区中部，三面环山、一面临海，冬暖夏凉，属暖温带湿润季风区大陆气候，光照充足，雨量充沛，四季分明；虽地处北方，但仍属淮河流域，靠近中国南北气候分界线，又因东临黄海，受太平洋温暖气流的影响，呈现冬暖夏凉的气候特点。巨峰镇境内山地丘陵广布，且山清水秀，云雾缭绕。土壤呈微酸性，含有丰富的有机物质和微量元素。独特的气候和地理条件，使巨峰绿茶具备了特有的品质：汤色黄绿明亮，栗香浓郁，回味甘醇。且含有丰富的维生素、矿物质和微量元素。

经过60多年的发展，茶叶已经成为巨峰镇最重要的经济产物。随着种植、生产、培育、加工等技术的不断发展，巨峰绿茶逐渐向规模化、规范化、产业化发展。茶叶品种也从单一的黄山群体中发展为龙井43、福鼎大白茶、鸠坑早、中茶102、中茶108、中黄1号、碧香早、中白1号、金观音等优良品种，不仅提高了茶叶的产量，更提高了干茶的品质。茶叶加工也从绿茶、红茶开始向黑茶、黄茶发展。茶叶品种越发丰富多样，可以满足各消费群体的个性需求。

随着现代农业的发展，巨峰绿茶迈上了新的台阶。从田间的统一施肥、统一打药、统一采摘，到合作社的统一加工，绿色贯穿每一片茶叶的成长。田园综合体、产业园、生态茶园的建设，将现代科技融入茶业，从新品种的培育、茶叶的科学管理、加工技术的更新等方面提供巨大的支持，又为巨峰绿茶插上腾飞的翅膀！

问题与思考

1. "南茶北引"最后成功了吗？
2. 巨峰作为"江北绿茶第一镇"，有哪些得天独厚的气候环境和土壤条件？

交流与评价

"南茶北引"遇到的最大困难是什么？日照人民是怎样克服的？你对日照劳动人民又有了怎样的认识？

收获与分享：（说一说）

1. 通过这一节课的学习，你有什么收获？快与其他同学分享吧！
2. 复述"南茶北引"的故事。

第3课 品　　茶

尝　茶
唐　刘禹锡

生拍芳丛鹰嘴芽，
老郎封寄谪仙家。
今宵更有湘江月，
照出菲菲满碗花。

资料链接

刘禹锡(772—842)，唐代文学家、哲学家，字梦得，洛阳人，自称"家本荥上，籍占洛阳"，又自言系出中山。其先为中山靖王刘胜。有"诗豪"之称。

说明：作者得到老郎寄与的茶叶，于夜间煎饮，因月色明亮，照在茶碗里，茶汤的色泽更好看，诗中有"湘江"两字，说明此诗作于湖南。

背一背

请你背一背这首古诗吧。

收获与分享：

  品茶讲究审茶、观茶、品茶三道程序。在与客人共同品茶时，由茶海向客人的闻香杯中斟茶，通常只斟七分满，留下的三分是情谊。这是中国茶文化的特殊含义。

第4课 茶香校园

问题与思考

你知道什么叫作"吉祥物"吗？你见过吗？能介绍一个吗？

资料链接

前几天，爸爸给了我一只吉祥物——老鼠，假老鼠，假的红老鼠。现在由我给大家介绍一下。它，名叫吉祥，皮肤是红色的，穿着大红外套，戴着红帽作子，有黄色花边，衣服中央有一个红"福"字。六根胡须，黑鼻子，两个黑眼睛，脸上总是挂着一副笑嘻嘻的嘴，特别可爱。

我特别喜欢它，就像老鼠爱大米一样，每天晚上，我抱着它看书、睡觉，我把它照料得无微不至，它就像个小皇帝，我走到哪儿，都"常以相随"。

我爱我的吉祥物。

活动广角

你认识它吗？快去校园中找找它的身影，调查它的故事并为它写个解说词吧！

_____
_____
_____
_____

交流与评价

堂课我的表现：

自己评　☆☆☆☆☆

小组评　☆☆☆☆☆

老师评　☆☆☆☆☆

第 5 课　印象里的茶

思维导图运用图文并重的技巧，像一棵大树把各级主题的关系层层表现出来，是表达发散性思维的"地图"。

思维导图六要素：

1. 中心主题
2. 大纲架构
3. 定义颜色
4. 延伸细节内容
5. 关联线
6. 重点加插图

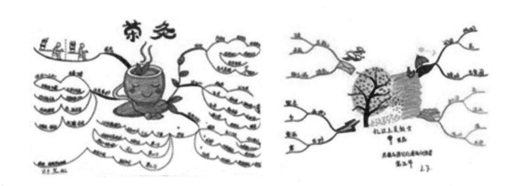

茶叶的种类

茶由工艺角度分门别类，分为六种：苦尽甘来沁人心脾的绿茶，清新自然不惹尘繁的白茶，温润如玉谦和芬芳的黄茶，如风撩云幻化无穷的乌龙，似雨温润兼收并蓄的红茶，浓淳甘厚百味回肠的黑茶。

> 学生作品

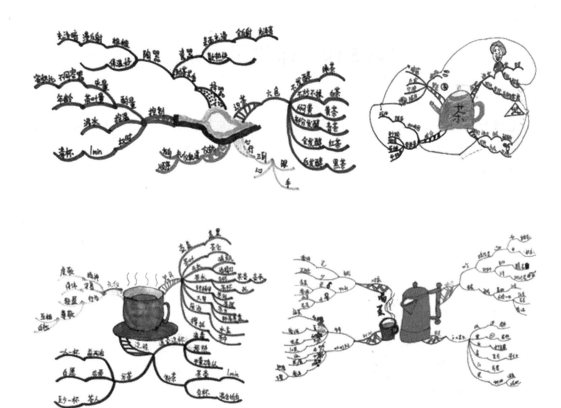

茶叶内的物质

茶叶小知识

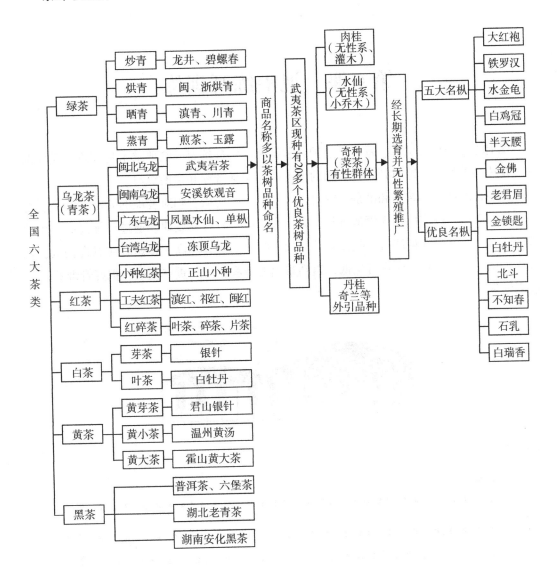

第6课 视唱练耳训练

视唱练耳是解决识谱、音准、节拍、节拍感的一种练习。它要求由易到难,循序渐进。先从简单的音阶练习到各种节拍的练习曲,包括音程和声的练习。

加强音准训练。统一和谐是合唱对声音的要求,所以合唱对音准的要求非常高。童声合唱的音准训练应由浅入深地进行,先练习音阶、音程、旋律。通过训练提高学生的音准能力,为二声部训练打下扎实基础。快速时要防止音趋高,慢速时注意音偏低;强音要防止音趋高,轻声注意音偏低;遇到难唱的音程,必须重点突破,把好音准关。

视唱练耳:

中年级

第1条
1 1 2 | 3 3 4 | 5 5 6 6 | 7 7 i | i i 7 | 6 6 5 | 4 4 3 3 | 2 2 1 ‖

第2条
1 2 3 4 | 5 5 | 6 6 6 6 | 5 - | 6 6 6 6 | 5 - | 4 4 |
3 3 3 | 2 2 2 | 1 3 5 | 4 4 | 3 3 3 | 2 2 2 2 | 1 1 1 ‖

第3条
1 3 4 | 5 5 | 6 7 i 6 | 5 - | 5 i 7 6 | 5 3 | 2 3 4 5 | 3 - |
3 2 1 2 | 3 4 5 | 6 6 7 i 2 | - | 3 2 i | 7 6 5 | 3 5 | i - ‖

第4条
i 7 2 | i 5 | 6 6 5 4 | 3 1 | i 7 2 | i 5 | 6 6 5 4 | 3 1 |
4 6 6 4 | 3 3 5 3 | 2 2 5 4 | 3 1 1 | 4 6 6 4 | 3 3 5 3 | 2 2 5 4 | 3 1 1 ‖

第5条
1 4 6 | 5 3 4 2 | 1 1 | 5 5 3 | 6   6 5 |
i 5 6 | 5 6 5 6 | 5 3 4 2 | 1 1 | 1 1 4 6 | 5 3 4 2 | 1 - ‖

谱例及训练要领：

春风吹

作词：朱洪湘
作曲：朱洪湘

1=C 2/4
♩=100

(55 55 | 5i 5 | i6 53 | 2 32 | 1 35 | i -)|

55 55 | i 5 | 31 34 | 5 - | 55 55 | i 5 |
春风 轻轻 吹 呀 小草 醒来 啦 春风 轻轻 吹 呀
春风 轻轻 吹 呀 青蛙 唱歌 啦 春风 轻轻 吹 呀

43 23 | 1 - | 1234 55 | 5i 5 | i765 42 | 1 - |
花儿 笑开 啦 啦啦啦啦 啦啦 啦啦 啦 哈哈哈哈 哈哈 哈
燕子 回家 啦 啦啦啦啦 啦啦 啦啦 啦 哈哈哈哈 哈哈 哈

55 55 | 5i 5 | i6 53 | 2 3 | 1 35 | i - ‖
春风 轻轻 吹来 啦 杨柳 开始 跳 舞 啦 啦啦 啦
春风 轻轻 吹来 啦 大地 穿上 新 装 啦 啦啦 啦

注释：这首歌曲加入了十六分音符，这个音型的处理是要连贯及快速平稳，这里建议把谱中的"哈哈"改成"啦啦"，因为儿童处理"哈哈"容易开口过大，找不到声音的支点及位置，这首歌曲要求演唱者运用清新活泼的声音来演唱。

演唱台

通过今天的学习，你对所学歌曲掌握的怎样？请大声唱出来和我们分享一下吧！

第7课 波 浪

> 技能学习

音乐四三拍

[前奏]准备动作,"双背手、双跪坐",身向1点。

[1]—[4]胸前"小波浪"四次。

同时右、左交替"倾头"各两次。

[5]—[6]"旁大波浪"一次:当"大波浪"上提时,"跪立、仰头";当"大波浪"下沉时,"跪坐、低头"。

[7]—[8]"前大波浪"一次:当"大波浪"上提时,"跪立、仰头";当"大波浪"下沉时,"跪坐、低头"。

[9]—[10]向右"转腰",同时"旁大波浪"上提。

[11]—[12]腰还原,手由原路线落至"旁按手位"。

[13]—[16]向左"转腰"做[9]至[12]的对称动作。(反复[13]至[16]"背手、双跪坐",上体右、左交替摆动各两次。)

第二遍音乐

[1]—[4]双臂上举至"前斜上位",做"小波浪"四次(上位小波浪),同时右、左交替"倾头"各两次。

[5]—[8]同第一遍[5]至[8]动作。

[9]左"单托手",右手"旁按手"。

[10]向右"旁弯腰",右手扶地。

[11]上身还原。

[12]左手落"旁按手"位。

[13]—[16]右"单托手",做[9]至[12]的对称动作。

[结束句]"双背手",上体右、左交替摆动各两次。

舞蹈组合学习

舞蹈小组合《茶丫》

注意事项

第一,"小波浪"以"提腕""压腕"为主要动力。重拍时腕上提。

第二,强调手腕、手掌、指关节的连续性。

第三,小臂要配合手部的"波浪"运动轻微随动,不能主动和大动。

第四,"大波浪"以肩关节展动,肘的上提和下沉为主要动力。延续至手部时,以完整的"小波浪"运动配合。

第五,"低头""仰头"即手动眼随有机配合的结果,是完美的"大波浪"运动,不可缺少的条件。

教师应注意到儿童肌肉、骨骼和柔韧性的有利条件,引导他们利用这一有利条件做好大、小"波浪"动作,充分发挥他们的表现能力。教师在教会学生头、眼运动时,切记不可机械地运动,而要强调眼神的表现力,养成以眼传神的习惯。当然要根据孩子们的年龄,要求可以由粗到细。

展示台

大胆展示一下自己,让大家看到你最美的一面。

第 8 课　采　茶

进茶园采茶

学习目标

1. 实地体验采茶过程，向茶农学习具体的采摘方法。
2. 知道茶叶的几种原料：一芽、一芽一叶、一芽二叶。
3. 养成积极劳动、体贴父母的品质。

资料链接

1. 茶叶原料的等级

特级茶：只采一个茶芽。

一级茶：采一芽一叶。

二级茶：采一芽二叶。

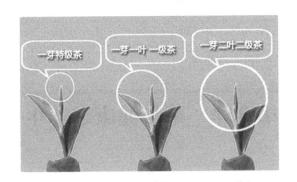

2. 采茶方法

(1) 人工采茶

手工采茶要求提手采,保持芽叶完整、新鲜、匀净,不夹带鳞片、鱼叶、茶果与老枝叶,不宜捋采和抓采、掐采。高级茶都是人工采的。

(2) 机器采茶

机器采茶鲜叶质量基本满足加工中低级条茶的要求,工效比手工提高 10 倍以上,茶园连续机采三、四年后,芽叶逐步变小,密度增加,叶片变薄,对茶叶影响较大。

劳动探索

这一片绿绿的茶园在我们面前,让我们走进茶园,请按照茶农的要求来采不同品级的茶叶,动手劳作起来吧!

感受交流

通过今天的劳动,你有什么感受?与大家分享一下吧!

第9课　茶与健康之养生

俗话说：春夏绿，秋冬红，一年四季喝乌龙。也有人说，春花夏绿秋乌龙，一年四季喝普洱。

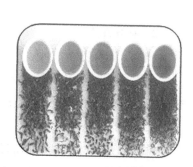

问题与思考

一年一日饮茶均应不同，不同体质应喝不同的茶，你知道吗？

交流分享

中医遵循"茶人合一"，不同季节应喝不同的茶，春天多喝绿茶，冬天喝暖胃红茶，但主要还是看个人喜好，不同体质也应喝不同的茶。

一年一日饮茶均应不同
不同体质应喝不同的茶

早餐喝杯红茶，性温。建议大家早起片刻，放慢节奏，早餐来一杯温和的红茶，也可以加些牛奶，可解困提神，彻底赶走睡意，开启充满活力的上午。

午后宜喝绿茶，提神。下午时，大脑容易昏昏沉沉，眼睛疲惫不堪，免疫力也有所降低。清代黄宫绣的《本草求真》称，茶能治"头目不清"。绿茶的茶多酚含量比其他茶都高，抗氧化能力最强，能更好清除体内自由基，维持身体免疫力，让身体轻松。

晚间饮黑茶、乌龙茶，消食。很多人晚上都不敢喝茶，怕影响睡眠。睡眠浅的人还可尝试咖啡因含量更低的乌龙茶。一般大多数人晚餐吃得比较多，餐后又没太多活动，特别容易堆积脂肪。乌龙茶则可解油腻，辅助减肥效果很好。因此晚餐或餐后泡上一壶乌龙或普洱，既解腻也不至于影响睡眠。

四季养生茶

四季养生茶春之茶

处方组成：玫瑰花、菊花、石斛、枸杞子、生山楂、陈皮。

功效：清肝明目，健胃养颜。

四季养生茶夏之茶

处方组成：莲子心、麦冬、荷叶、菊花、枸杞子、生山楂、陈皮。功效：清热降暑，利湿。

四季养生茶秋之茶

处方组成：甜杏仁、沙参、百合、决明子、枸杞子、生山楂、陈皮。

功效：滋阴养肺、润燥。

四季养生茶冬之茶

处方组成：黄芪、怀山药、五味子、枸杞子、生山楂、陈皮。

功效：益气补肾，健脾。

经验交流

喝茶的好处有这么多，赶紧讲给家人听一听吧！

_____

_____

_____

第10课　中国茶道文化——茶与儒

> **资料链接**
>
> 儒家是中国最著名的哲学家孔子所创立、孟子所发展、荀子所集其大成，之后延绵不断，至今仍有一定生命力的学术流派。

> **问题与思考**
>
> 你知道吗？早在南北朝及更早的时期，茶就已被用于祭礼。

儒与茶礼

儒家思想的平和快乐格调是中国茶道的主调，儒家的道德和礼仪为茶道提供了茶礼。

早在南北朝及更早的时期，茶就已被用于祭礼；唐代陆羽创制茶道时，就认为茶道施行之际须规矩严谨，宋代审安老人所撰的《茶具图赞》中，每一器都被冠以职官名称，制度更加明确。

自唐以来，宫廷的重要活动，如春秋大祭、殿试、群臣大宴等都有茶仪茶礼。宋明之际，儒家更把茶礼引入"家礼"之中，行于婚丧、祭祀、修屋、筑路、待客之际。儒家的礼制在中国的影响久远而深入，以至于客来敬茶成为我国人民世代相传的礼俗。

茶怀与人性

儒家认为中国人的性格就像茶，总是清醒、理智地看待世界，和睦友好、不卑不亢、执着持久。儒家以茶励志，沟通人际关系，积极入世。苟饮最终能使人安静，使人能冷静地面对现实，这是与儒家倡导的中庸精神相吻合的。儒生们将这种思想引入到茶道之中，认为茶事活动的环境和所使用的器物应当"朴实古雅去虚华"，从事茶事活动的心态应当"宁静致远稳沉毅"，主张在品饮的过程中营造和谐的氛围，通过品茶活动清醒地审视自己，认识自己，沟通思想，增进友谊。因此，欢快的格调也成为中国茶道文化的主旋律。事实上，在民间的茶礼与茶俗中，儒家茶道寓教于饮、寓教于乐的欢快精神体现的更为明显。

> **想一想**

一碗喉吻润，两碗破孤闷。

三碗搜枯肠，唯有文字五千卷。

四碗发轻汗，平生不平事，尽向毛孔散。

五碗肌骨清，六碗通仙灵。

七碗吃不得也，惟觉两腋习习清风生。

蓬莱山，在何处？玉川子乘此清风欲归去。

细细品读，你能读懂吗？

收获与分享：
通过今天的学习，你有什么收获？与大家分享一下吧！

五年级（下册）

第1课 茶 之 话

茶为国饮，国人饮茶之风从两汉以来绵延不断，且愈吹愈劲。上自王公显贵、下至普罗大众，均以茶为伴，以茶养生。一大批历史人物与茶有不解之缘。

问题与思考

你知道哪些和茶有关的名人故事？

(一)人间有味是清欢

苏轼(1037—1101)，眉州(今属四川)人，字子瞻，号东坡居士，北宋文学家，诗、词、文俱佳。在他的一生丰富的履历中，留下了大量与茶有关的文学作品。

元丰七年(1084)十二月二十四日，苏轼路过泗州，友人刘倩叔陪同游南山，请他喝茶，吃春盘。苏轼感慨友谊之真挚、人生之有味，遂写了一首词《浣溪沙·细雨斜风晓小寒》：

　　细雨斜风作晓寒，淡烟疏柳媚晴滩。入淮清洛渐漫漫。
　　雪沫乳花浮午盏，蓼茸蒿笋试春盘。人间有味是清欢。

词中描画出苏轼感受到的浓浓春意，以及清逸悠闲的欢乐。

苏轼一生坎坷，因乌台诗案被贬黄州。后来，最远到了海南的儋州。这首《汲江煎茶》，即是他在儋州时的内心写照：

　　活水还须活火烹，自临钓石取深清。
　　大瓢贮月归春瓮，小杓分江入夜瓶。
　　雪乳已翻煎处脚，松风忽作泻时声。
　　枯肠未易禁三碗，坐听荒城长短更。

苏轼身处人生的最低谷，夜里去汲水、生火、煎茶、饮茶、听儋州城的打更声，似可感受到他内心的孤寂与无聊。但从细腻的诗句中,也可看出,困境中的苏轼将生活当一门艺术,使之清雅而洒脱。

(二)闵老子茶

张岱(1597—1679),字宗子,号陶庵,山阴(今浙兴)人,明代文学家,其散文风格清新流丽,《陶庵梦忆》中有《闵老子茶》一文,记录了这样一件事情:

张岱去南京桃叶渡拜访闵汶水,闵汶水引他到一间屋子,"明窗净几,荆溪壶、成宣窑瓷瓯十余种,皆精绝",茶煮好后,茶色与瓷瓯无别,香气逼人,张岱问汶水:"这是哪里产的茶?"汶水答道:"这是阆苑茶。"张岱细细品啜后,说:"不要骗我,这是阆苑茶的制法,但味道不像。"汶水笑着说:"那你知道是何地所产吗?"张岱再细致品饮,说:"这怎么很像罗芥茶啊?"汶水惊叹道:"奇妙,真是太奇妙了。"张岱又问:"这是哪里的水?"汶水答道:"惠泉水。"张岱疑问说:"不要骗我,这惠泉水离这千里之远,运送到这里怎么还如此新鲜?"汶水答道:"我不必再隐瞒。要汲取惠泉水,必须淘干水井,待夜晚新泉涌出,马上汲取,瓮底再放上层层的石子即可。"过了一会儿,闵汶水斟一壶茶请张岱喝,张岱喝罢说:"香扑烈,味甚浑厚,此春茶耶?应是秋采。"汶水大笑说:"予年七十,精赏鉴者,无客比。"于是,他二人结交为朋友。

(三)老舍常坐北碚"茶馆"

在艰苦的抗战岁月,著名剧作家老舍先生举家迁往重庆北碚。北碚在嘉陵江边有许多简易棚屋搭成的小茶馆,是老舍先生爱去的地方。著名的《四世同堂》剧本,就是老舍在北碚完成的巨作。老舍一生酷爱饮茶,他生前曾经说过:"我爱喝茶,因为喝茶本身是一门艺术,本来中国人是喝茶的祖先,可现在喝茶方面,日本人却走在我们前面了。"这位闻名中外的人民艺术家,生前热爱生活,文思如涌,勤奋写作,留下了800多万字的小说和戏剧作品,其中反映我国新旧中国社会变迁史的《茶馆》,就是他的代表作之一。

《茶馆》是老舍先生在1957年在北京创作的。老舍先生很早就想写一部新旧社会的变迁史,选中茶馆这个场地。因为茶馆是三教九流会聚之处,可以容纳各色人物。一个大茶馆就是一个小社会。两小时的三幕戏里,托出了百年旧中国的历史变迁。1980年以来,先后在联邦德国、法国、瑞士、日本和中国香港等多处演出,不少观众深有感触地说:"看了《茶馆》,使我们更了解中国,明白了中国人为什么要革命。"

> **收获与分享:**
> 你觉得茶的精神与文中提到的这些人的哪些宝贵品质相通?

第2课　茶乡传奇——百里绿茶长廊

茶者，神奇而灵动，在漫漫岁月间茁壮成长；茶韵，源远流长，为世界平添一缕芬芳。一壶流霞，千叶奇香，在日照这片太阳最早升起的地方，"百里绿茶长廊"正谱写中华茶文化崭新的篇章。

资料链接

百里绿茶长廊

这是一条绿色的长廊，宁静清新，逶迤绵长；这是"南茶北引"的见证，更象征着一种向上生长的力量。

从空中俯瞰，巨峰镇的茶园正像一条绿色的河流，在丘陵山谷间蜿蜒流动，作为江北绿茶第一镇，巨峰的绿茶无论从经营规模还是茶叶品质，都闻名遐迩。以"叶片厚、滋味浓、香气高、耐冲泡"为特点的日照绿茶就生长在这里。然而，在40多年前，这里还是一片荒山野岭。

唐朝茶圣陆羽所著的《茶经》，开篇第一句即为"茶者，南方之嘉木也。"自古茶树便生长在温暖湿润的南方，然而在半个世纪以前，智慧的日照人却成功引种了这种南方嘉木，而巨峰正是日照"南茶北引"最早的实验点，也是如今最重要的绿茶产地。

这里冬无严寒，夏无酷暑，具有近似江南茶乡的温暖湿润气候，来自南方的茶树在这里繁衍生息，开枝散叶，为巨峰人民带来无尽的福祉。这条绿茶长廊就是巨峰镇着力打造的集生态观光、茶文化体验、茶叶贸易、乡村度假、美食娱乐为一体的特色茶文化休闲旅游景点。东起后黄埠，西至薄家口，北到老龙窝，南止大官庄，总长度102.6华里，途经巨峰镇34个村庄，涵盖茶园39000亩。在这绵延的绿色长廊间，后黄埠生态度假村、碧波山庄茶文化风情园、四季茶园休闲会馆、淞晨有机茶文化旅游风景区、点将亭茶园基地等特色景点犹如五颗璀璨的明珠交相辉映，熠熠闪光。

漫步在长廊之中，层层叠叠的绿色，让人仿佛置身绿色的海洋，勤劳的茶农在连绵万亩的茶园之中耕种、采摘，收获着富庶、幸福；生态村居、度假山庄、现代化的茶企遍布长廊两侧，阵阵茶香，沁人心脾。

绿茶长廊经过"朝元山、北垛山、南北山、双石岭"四大流域，建成"常家庄生态茶园示范区""茂园生态茶园示范区""薄家口冬茶生产示范区""御园春无性系茶树良种示范区""南北山现代农业节水灌溉示范区""淞晨生态茶园示范区""碧波生态茶园示范区"7处示范区。

在这片绿意盎然的土地上，不仅可以欣赏绿茶特色产业托起的富裕文明新农村，还能瞻仰许多古文化遗址，如陆甲龙山文化遗址、大土山汉城文化遗址。

南北山上的"仙人洞"，战国时孙膑、庞涓曾经在这里学艺；宋代的"朝元观"曾经见证金戈铁马的搏杀与争斗。在这里极目远眺，让人不禁发思古之幽情。

如果你想远离城市的喧嚣，就在茶乡寻一个宁静的小乡村，到后黄埠去，到西赵庄去，到薄家口去，日出而作，日落而息，体会田园牧歌似的生活。群山环抱，绿水莹莹。当曙色萌动时，挎着竹篮，迎着晨风，穿过疏淡的薄雾，采撷带露的嫩芽，学着摊晾、杀青、炒制茶叶，在绿色的大地上，做一个幸福的茶农。有了倦意，采些茶林间的野菜，钓几条山溪中的小鱼，感受茶园的野趣，体验采茶的放松与惬意。夜幕降临时，用清冽的山泉水泡杯新茶，品着亲手采摘的茗茶，谈古论今，体味天地间至纯、至真的滋味。

> **问题与思考**

1. 百里绿茶长廊途经哪些地方？
2. 在这绵延的绿色长廊间，有哪些旅游景点？

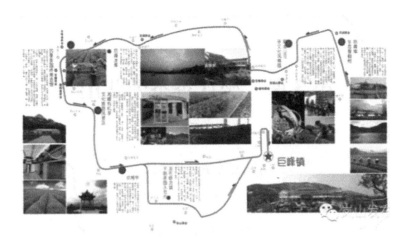

交流与评价

作为江北绿茶第一镇，巨峰绿茶的特点是什么？你还了解哪些关于巨峰绿茶的知识？

收获与分享：（采一采）

1. 通过这一节课的学习，你有什么收获？快与其他同学分享吧！
2. 化身"采茶小姑娘"，体验采茶的乐趣。

第3课　坐饮香茶爱此山

与元居士青山潭饮茶
唐　灵一和尚

野泉烟火白云间，
坐饮香茶爱此山。
岩下维舟不忍去，
青溪流水暮潺潺。

译　文

山野泉水的声音与袅袅炊烟在白云间飘荡，坐在这我深爱着的山里饮着香茶。那岩石上系着的小船也不忍离去，要和流动着的清澈的溪水一起到傍晚。

资料链接

灵一，唐代(公元七六四年前后在世)人，姓吴氏，人称一公，广陵人。灵一著有诗集一卷，《文献通考》传于世。

交流与评价

你心中的"茶乡"是什么样子的呢？跟同学们交流交流吧。

第4课 茶香校园

问题与思考

你觉得我们学校有什么显著的特点吗？你会如何向别人介绍我们的学校呢？

资料链接

例文：我们的校园

我们的校园很美丽，步入校园，你立刻就会被优美的环境所吸引。一排排银杏树像士兵一样挺立在干净整洁的道路两旁；圆形的花坛里百花怒放，成群的蝴蝶翩翩起舞；香樟树的叶子在微风中"跳舞"；桂花把醉人的芬芳洒满了校园……

校园里的每一幢高楼都有着不可替代的作用。最引人注目的是我们的教学楼，教学楼不高，但是它的肚子里装满了我们朗朗的读书声，还有我们认真学习的情景。操场上有两个足球门，它们面对面地站着，像一对好朋友一样，还有一些我叫不出名字的健身器材，就不一一介绍了。

"铃，铃铃!"上课了，大家专心致志地听着老师讲课，一起读课文，那声音真好听！连大树、小草听了都哗啦啦地鼓起掌来，花儿也点点头，好像都在说:"你们的声音真好听!"下课了,大家在操场上跑步、跳远、做游戏……欢声笑语传遍了校园。

我爱我们的校园,我们的校园给我带来了欢乐!

活动广角

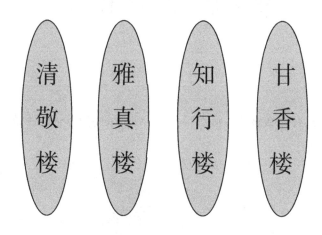

你知道这些楼命名的原因吗?你能介绍它们吗?

_____
_____
_____

第 5 课　我和乐娃的故事

小乐娃，爱玩耍，巨峰学子都爱它。小茶芽，就是它，我要和它一起耍。

乐娃设计理念：

颜色以绿色为主，凸显茶叶"新芽"造型，融合河流元素，体现学校核心理念，传递出和谐、积极向上的活泼形象。

假如你和乐娃在一起，会发生什么有趣的故事呢？

学生作品

学习要求：

欣赏：可爱的乐娃。

思考：你和乐娃在一起会做什么呢？

尝试：画一画你和乐娃的故事。

第6课　音准训练

　　单旋律的音准训练：演唱歌曲的先决条件是音要准，因此音准训练是十分必要的。在音准教学中，首先要求学生学唱音阶，同时必须重视练耳，耳朵听不准音，就谈不上唱准音。因此，在唱音阶的同时，教师还可以弹奏简单的乐句片段，让学生辨别唱名，可以从接近音阶的乐句听起，逐步发展分解和弦，直至较难的旋律音程。在让学生听唱的基础上，可进行听记练习，通过听音视谱、视唱来提高辨别音高的能力，在音准教学中，教师应注意多做示范性唱奏，只有通过示范唱奏，让学生对音准有了认识之后才能少用琴或者不用琴。

视唱练耳：

中年级

第6条

$\frac{2}{4}$ 6 i 5 | 6 i 5 | 6 5 3 5 | 3 2 1 | 6 i 5 6 | i 2 6 5 | 5 2 5 3 | 3 2 1 ‖

第7条

$\frac{2}{4}$ 3 3 3 5 | 6 3 5 | 3 2 3 5 | 1 - | i 3 5 6 | i 6 5 3 |

2 1 3 2 | 1 - | 6 5 6 i | i 6 5 | i 3 5 6 | i 6 5 3 | 2 1 3 2 | 1 - ‖

第8条

$\frac{2}{4}$ i 6 i | 5 - | 3 5 2 3 | 5 - | i 3 | 2 3 2 i | i 3 6 | 5 - |

i 6 6 | i 3 | 5 3 | 5 6 5 3 | 2 1 2 3 | 5 i | 5 i 3 2 | 1 - ‖

第9条

$\frac{2}{4}$ 2̇ 3̇1̇ | 2̇ — | 2̇ 3̇1̇ | 2̇ — | 2̇1̇6 1̇ | 6 2̇ 2̇1̇ 6 | 1̇ — |
6 2̇1̇ 2 | 6 2̇1̇ 2 | 5 | 2̇ | 5 | 2̇ | 2̇ 1̇6 | 5 1̇ 6 5 | 1̇ 5 6 | 1̇ — ‖

第10条

$\frac{2}{4}$ 2̇ 3̇ 1̇ | 2̇ 3̇ 1̇ | 6 1̇ 6 3 | 5 6 5 | 3 5 5 5 |
5 2̇ | 1̇ — | 6 6 1̇ | 6 5 3 | 5 — | 5 — | 5 6 1̇ |
3 — | 3 3 2 | 2 3 5 | 5 | 3 5 3 2 | 1 6 3 2 | 1 — ‖

谱例及训练要领：

少先队员采茶歌

郑　南词
龚耀年曲

1=♭B $\frac{2}{4}$

活跃地

（6 6 3̇ 3̇ | 2̇ 2̇ 3̇ 1̇ 2̇ | 6 6 3̇ 3̇ | 2̇ 3̇ 2̇ 1̇ 6 6 | 3 6 5 |

6 1̇ 3̇ · 2̇ 0 1̇ 2̇ 1̇ 5 | 6 3 6 3 ） | 6 6 3̇ 3̇ | 2̇ 3̇ 3̇ 2̇ 1̇ |

茶 树 青 青 绿 叶
茶 林 密 密 藏 小
茶 山 层 层 彩 云

2· 3 | 6 6 6 3̇ 2̇ | 1̇ 2̇ 2̇ 1̇ 5 | 6 · 1̇ | 3 · 5 6 1̇ |

娇，　我们和茶树　一　般　　高，迎着朝霞
鸟，　我们和小鸟　一样欢　　跃，歌唱春天
绕，　我们和彩云　一　样　　飘，轻轻采茶

5 6 5 3 0 | 3 · 6 1̇ 3̇ | 2̇ 3̇ 1̇ 2̇ 0 | 6 6 3̇ 3̇ | 2̇ · 3̇ |

采 茶 来，追着晨风 快 快 跑，走过十里 路，
早 到 来，歌唱公社 丰 收 谣，采过青龙 坡，
像扑 蝶，悄悄迈步 像 舞 蹈，采下一筐 筐，

1̇ 1̇ 2̇ 1̇ | 6 6 0 | 6 6 3̇ 3̇ | 2̇ 3̇ 1̇ 2̇ | 6 6 3̇ 3̇ |

越过五里 桥哟，采哟采哟 采哟采哟 采哟采哟
采过凤凰 坳哟，采哟采哟 采哟采哟 采哟采哟
担走一挑 挑哟，采哟采哟 采哟采哟 采哟采哟

```
| 2̇ 3̇ 1̇ 6 | 3 6 5 | 6̂ 1̇ 5 3 | 6 1̇ 3 | 2̇ - |
  采  哟 采  哟    茶 山 鸟   爱 夸 我 们   红 爱 有   巾
  采  哟 采  哟    小 岛     我 了       领 多     动
  采  哟 采  哟    若 问     们 采       芳       少？

| 3̇ 6 3̇ | 2̇ 3̇ 2̇ 1̇ 6 | 1̇ 0 2̇ 1̇ | 6 - |
  我  们 爱    茶 山 鸟   枝 叶     茂
  我  们 夸    小 知 道   唱 得 知   妙
  我们 山     茶        我        道
```

注释：《少先队员采茶歌》这首歌曲加入了切分音，是一首南方的歌舞体裁，歌曲旋律欢快，旋律中多次出现前八后十六分音符和前十六后八分音符，为整首歌曲欢快的情绪做了渲染。这首歌曲旋律欢快明朗，学生学唱时的积极性高，加上学习歌曲时，可以把采茶叶的简单动作加在歌曲学习中，让学生在欢快的舞蹈中体会少先队员采茶时的心情及掌握好歌曲的节奏、情绪等。

演唱台

通过今天的学习，你对所学歌曲掌握的怎样？请大声唱出来和我们分享一下吧！

第7课 脚 位

技能学习

音乐四二拍

　　准备动作:"正步位"双手下垂,身向1点。

　　[前奏]不动。

　　[1]—[2]十指交叉,双手屈臂于胃前,手心向上。

　　[3]—[4]下推指。

　　[5]—[6]同[1]至强调提胯

　　　　正步位　　　　　小八字位　　　　　大八字位

舞蹈组合学习

舞蹈小组合《茶仙》

注意事项

第一,向前"压腿"时要用腹、胸向下压,直至贴靠前腿上,要用头去靠脚,不可驼背。

第二,"盘腿竖叉"或"吸腿竖叉"的一腿弯曲,但另一腿一定要伸长。

第三,"旁压腿"时,"托掌"一侧要伸长,"按掌"一侧的亦要伸长并向腿部压挤,直至贴靠在腿上。"按掌"手要扶地。

第四,向后"弯腰",是弯"胸腰""中腰"和"大腰"。

一般情况下,我们东方国家的孩子,腰、腿的柔韧性较西方人要好。尤其是儿童的腰、腿都比较软，腰、腿功并不难练。教师要在施教中注意掌握分寸。适度的练习一般不会出问题；过度的练习，会影响发育，也可能造成损伤。

> **展示台**

自编一小段舞蹈，和同学来一场比舞大赛。相信你一定行！

第 8 课　制　　茶

> **问题与思考**

图片上的机器和人都在干什么呢？

> **学习目标**

1. 学习具体的制茶过程。知道"杀青""揉捻"与"干燥"这几个制茶的环节。
2. 参观茶厂，实地了解制茶技术。
3. 养成仔细观察、勇于创新的好习惯。

> **资料链接**

制茶过程：鲜叶—摊放—杀青—捻形—干燥

1. 人工制茶

（1）杀青

杀青，是绿茶工艺中最为至关重要的一个步骤，对绿茶的品质起着决定性作用。

杀青，是通过高温破坏茶叶中的酶类活性，制止了茶叶继续氧化的可能，从外观上看到的，是叶

子没有变红。同时，蒸发叶内水分，使叶子变软，为揉捻做准备。

铁锅杀青，应掌握"抖闷结合，多抖少闷"的原则。一般要求铁锅温度在260℃~320℃之间，温度太高，容易炒焦，温度太低，达不到破坏酶类活性的目的。铁锅杀青时间一般为5~10分钟，投茶量大则需延长杀青时间。时间过长，则茶叶失水过多，不利于揉捻做形。

（2）揉捻

揉捻是绿茶塑造外形的一道工序。通过外力作用将叶片揉破变轻，卷转成条，体积缩小，且便于冲泡。同时，茶汁挤溢附着在叶表面，对提高茶滋味浓度也有重要作用。

制绿茶的揉捻工序有冷揉与热揉之分。所谓冷揉，即杀青叶经过摊凉后揉捻；热揉则是杀青叶不经摊凉而趁热进行的揉捻。嫩叶宜冷揉以保持黄绿明亮之汤色于嫩绿的叶底，老叶宜热揉以利于条索紧结，减少碎末。

绿茶多为一次揉捻，嫩叶一般要揉20~25分钟，老叶采用重压长揉，解块分筛，分次揉捻，但总时间一般不超过50分钟。高档茶成条率在85%以上，细胞破碎率在45%以上；低档绿茶成条率在60%以上，细胞破碎率达65%以上，即是揉捻完成的标志。

（3）干燥

干燥，起到茶叶整形做形、固定茶叶品质、发展茶香的作用。绿茶的干燥工序，一

般先经过烘干,然后再进行炒干。因揉捻后的茶叶含水量仍很高,如果直接炒干,会在炒干机的锅内很快结成团块,茶汁易粘结锅壁。故此,茶叶先进行烘干,使含水量降低至符合锅炒的要求。

2. 机器制茶工程

1. 鲜叶摊放

2. 杀青

3. 揉捻

4. 解块分筛

实地探究

参观当地的茶厂,了解当地的制茶工艺。说一说你看到的场景。

第9课　茶与健康之保健

"饮茶一分钟，解渴；饮茶一小时，休闲；饮茶一个月，健康；饮茶一辈子，长寿。"这是茶界唯一的中国工程院院士、中国农业科学院茶叶研究所研究员陈宗懋的一句名言。的确，喝茶养生是中国人流传了几千年的传统，抗癌、保护心血管、防辐射、抗过敏、防老年痴呆……

> 问题与思考

喝茶能预防疾病，你知道多少？

> 交流分享

茶的保健功能

1. 抗氧化。研究表明，绿茶比其他参与实验的 21 种蔬果的抗氧化活性高出许多倍。也有研究显示，茶叶提取物的抗氧化活性比维生素 C 和维生素 E 还强。因此，喝茶能预防由氧化损伤引起的衰老和癌症，增强免疫功能。

2. 预防心血管疾病。坚持喝茶不仅有利于降压降脂，降低血糖，还能降低冠心病的死亡率。其中黑茶和乌龙茶效果最好。

3. 防癌。茶叶的健康功效之一就是预防癌症（包括肺癌、食道癌、肝癌、结肠癌等），绿茶抗癌作用最好，因其中富含儿茶素。日本对 8000 多人跟踪 10 年的流行病学研究证明，每天饮 10 杯绿茶可延缓癌症发生，女性平均延缓 7.3 年，男性 3.2 年。

4. 抗过敏、防龋齿。研究还发现，茶叶中的儿茶素有抗过敏功效，对海鲜、花粉过敏的人可多喝茶。因为茶叶中的茶多酚类化合物可杀死牙缝中存在的龋齿细菌，并让其难以附着在牙齿表面，从而预防龋齿，牙膏中也因此添加茶多酚。另外，茶叶中的氟也有固齿作用。

5. 防老年痴呆。有最新研究指出，常喝茶可降低老年人认知功能减退风险，70 岁以上老人每天喝茶 2~3 杯以上的，患老年痴呆症概率低很多。

6. 防止吸烟损伤。"喝茶可对因吸烟造成损伤的 DNA 进行修复，且效果非常好，这是我们通过人体实验得出的结论,也算是全世界比较领先的结论。"中国预防医学科学院营养与食品卫生研究所研究员韩驰教授说。

茶的药用价值

糖茶：绿茶、白糖适量,开水冲泡片刻即饮之。有和胃补中益气之功,滋阴补阳。

菊花茶：绿茶、白菊花适量,开水冲泡,凉后饮之。有清肝明目之功。主治肝经风热头痛、目赤肿痛和高血压等症。

山楂茶：山楂适量,捣碎,加水煎煮至一杯,再加入茶叶适量。长期饮用,有降脂、减肥的功效,对高血压、冠心病及肥胖症有一定疗效。

盐茶：开水泡茶,然后放点食盐不时饮用。有明目消炎、降火化痰之功效,可治牙痛、感冒咳嗽、目赤肿痛等,夏天常饮则可防中暑。

姜茶：红茶叶少许,生姜几片(去皮)水煎,饭后饮服。可发汗解表、温肺止咳,对流感、伤寒、咳嗽等疗效显著。

柿茶：柿饼适量煮烂,加入冰糖、茶叶适量,煮沸,配成茶水饮之。有理气化痰、益肠健胃的功效,非常适合肺结核患者饮用。

奶茶：先将牛奶加白糖煮沸,然后按1份牛奶、2份茶汁配好,再用开水冲服,有减肥健脾、提神明目之功效。

蜂蜜茶：红茶叶适量放入小布袋内,置茶杯中,冲入开水,再加入适量蜂蜜即可。饮此茶有止渴养血、润肺益肾之功能,可治便秘、脾胃不和、咽炎等症。

莲茶：湘莲30克,先用温水浸泡5小时后沥干,加红糖30克及水适量,同煮至烂,饮用时加入茶汁。有健脾益肾之功效。肾炎、水肿患者宜长期用。

枣茶：红茶叶5克,开水冲泡3分钟后,加10颗红枣(去核,捣为枣泥)。有健脾补虚作用,尤其适用于小儿夜尿及不思饮食者。

银茶：茶叶2克,金银花1克,开水冲泡后饮服。可清热解毒、防暑止渴,对暑天发热、疖痛、肠炎等有效。

 你知道哪些喝茶小妙招呢？和同学们交流一下吧。

第10课　中国茶道文化——茶与道

> **资料链接**

　　春秋时期，老子集古圣先贤之大智慧，总结了古老的道家思想的精华，形成了道家完整系统的理论，标志着道家思想已经正式成型。

> **问题与思考**

　　你知道吗？儒学是中国茶道文化的筋骨，道学是中国茶道的灵魂，佛学为中国茶道增添了神韵。

道教与茶文化的发展

　　道家或道教对茶文化的影响，既体现在魏晋南北朝时期饮茶风俗的形成，又体现在唐宋以后茶文化的发展等方面。

　　真人道士品茶，带上了对生命的热爱和超尘脱俗的意识，从而赋予中国茶文化空灵虚静的意境。唐袁道士李冶、施肩吾、吕洞宾、郑邀，五代时期高道杜光庭等人，都精于茶道。

　　唐以后的大量文人茶诗和其他茶文学作品，都在不同程度上打上了道教文化的深刻印迹。尤其是在唐宋两代的茶文化史上，举凡最具影响、千古传诵的茶诗，大都显露出深刻的道教思想影响的痕迹。

> **交流与评价**

　　搜集道教对中国茶道产生影响的资料，小组内交流并评选学习之星。

道教与饮茶习俗形成

　　历史表明，道家或道教与茶的关系，比儒、佛二教更为久远。

　　起初，道教把茶视作轻身换骨、羽化成仙的"上药"。后来，茶在真人道士的服食过程中渐渐日常化、嗜好化，并逐渐在社会上扩散开来，于是，茶从一种功能性的药物演变为人们日常生活中的嗜好品。

　　从道教信徒们赞誉茶为仙茗、仙茶、甘露这一点来看，道教对茶这种植物的重视已到了无以复加的程度，从中不难发现汉魏六朝时饮茶风俗的出现与道教的深刻渊源。当时，各种典籍中众多的道教茶事典故，既是道教人士热衷于饮茶的确证，又是饮茶风习开始向民间普及的一种表征。

收获与分享：
　　通过今天的学习，你有什么收获？与大家分享一下吧！

六年级(上册)

第1课　寻根——日照"南茶北引"的历史

孩子们,你们知道吗?茶原产自南方,我们如今随手可见、随时可饮的绿茶,并非从古至今生长在家乡的大地上。这一杯清香甘爽的绿茶背后,还有一段曲折动人的历史。

问题与思考

说一说你了解的日照绿茶的历史。

"南茶北引"的历史

日照"南茶北引"源于20世纪50年代,1958年冬,山东省林业厅从浙江购进茶籽。因缺乏种植经验,初期试种大部分幼苗因干旱冻害而枯死。1961年,日照大沙洼林场、马庄公社挪庄生产队苗圃、国营刘家寨苗圃试种,选择了背风向阳地块,出苗后遮荫,冬季采取培土、盖草、搭防风障等防护措施,实现了茶树安全越冬。这些经验的积累与总结,为以后扩种茶园提供了借鉴和范例,由此标志着"南茶北引"获得成功。

1966年成为日照茶业发展的重要转折点和里程碑,随后开展了大面积扩种。1967年,日照种茶区域扩展到9个公社14个大队。1968年,扩展至23个大队,成活率达到90%,到1983年实行联产承包责任制之前,产量达到35万公斤。

"南茶北引"获得成功,改写了北纬30°以北不能种茶的历史,实现了我国种茶区域的重大突破,这项创举引起了各级领导和科研部门的高度重视。

工业化制茶

"南茶北引"种茶获得成功后,又面临着怎样炒茶的问题。自1968年始,日照县采取"派出去、请进来"的办法,学习炒茶技术,早期曾派5批21人次到安徽、浙江学习制作绿茶,并举办了炒茶技术培训班,进行现场示范、讲解,培训制茶技术人员350名。初期采用手工炒制,使用偏锅杀青,人工揉捻、炒干,制成炒青绿茶,后来随着产量增加,逐步引进机械加工。1970年,中国茶叶研究所夏春华等3人来日照,帮助巨峰公社西赵家庄子大队创办了第一个队办联营半机械制茶厂,定名为"九六初制茶厂",主要从安徽购进了槽式杀青机、木盘揉捻机等。1973年,城关上李家庄子创建了日照县第一个全套机械化初制茶厂,配备杀青机、揉捻机、解块机、滚筒炒干机等10余台机械。

塑造品牌

从1992年"河山青"牌碧绿茶获第29届布鲁塞尔国际博览会金奖,到2015年"圣谷山"牌日照绿茶获米兰世博会"金骆驼"奖;从1999年"雪毫茶"获第三届"中茶杯"全国名优茶质量评比二等奖,到2015年"浏园春"获第十届"中茶杯"评比金奖,碧波、清吟、东山云青等五种茶获得银奖,累计历届"中茶杯"参评日照绿茶获得9个特等奖、68个一等奖。从2001年日照市茶叶贸易有限公司参加第四届中国国际农业博览会,到2016年遴选组织22家市级以上龙头企业参加第四届哈尔滨国际茶博会,等等。

通过开展系列茶事活动,有力提升了日照绿茶知誉度和影响力,促进了茶叶销售。日照绿茶销售市场已由省内拓展至北方大中城市,由传统实体店营销发展到天猫、淘宝等电子商务平台现代网络营销,呈现出产销两旺的良好态势和广阔发展前景。

第 2 课　茶叶发展史

"琴棋书画诗酒茶"
"柴米油盐酱醋茶"

茶作为茶文化的载体，同时也作为生活必需品从发现利用距今已有 4000 多年的历史。中国茶文化作为中国传统文化的重要组成部分，其根基深厚、历史悠久、内容丰富、成就斐然。它是中华民族历史文明的产物，也是中国人民对世界文化的一大杰出贡献。

资料链接

茶叶用途的变迁

作为中华民族的举国之饮，茶之为用，绵绵已有数千年的历史。其用途主要有三：药用、食用、饮用。

一、药用

古人很早就认识到，茶叶具有消食、止渴、利尿、降脂等功效。例如汉代医学家华佗在《食论》中写道："苦茶久食益意思。"明代著名医学家李时珍也在《本草纲目》中对茶叶的药用功能做了系统概括，认为茶主治"瘘疮，利小便，去痰热，止渴，令人少睡，有力，悦志。下气消食、破热气、除瘴气，利大小肠……"

根据汉人的传说，茶叶的药用功能，是由神农所发现。神农是中国历史上著名的神话领袖，相传其曾尝遍百草，"日遇七十二毒，得茶而解之"。这个故事，为现存最早的中药学著作《本草经》（成书于东汉时期）所记录。而在汉代的字典中，"荼"，指的即是"茶"。因此，学界一般推测，在三皇五帝的原始部落时代，中国先民就已有了以茶为药用的习俗。这也是传世历史典籍中，可追溯中国人用茶的最早时期。

二、食用

早期的茶，除了作为药物之外，很大程度上是作为食物用品而出现的。所谓食用，就是把茶叶作为食物充饥，或是做菜吃。

《晏子春秋》一书曾记载，"(晏)婴相齐景公时，食脱粟之饭，炙三戈、五卵、茗、菜而已"。大意是说，晏子担任齐国宰相时十分简朴，吃的只有一些糙米和野菜，其中就有茶。由此可见，至此在春秋战国时期，齐国（今山东境内）已经出现用茶叶做成的菜肴。

时至今日，古代的食茶传统仍或多或少为现代人保留，例如土家族的擂茶，又名"三生汤"，即是用生茶叶、生姜、生米做成，是一种古老的吃茶法。

三、饮用

中国饮茶的历史经过了漫长的发展时期。在各个历史阶段，饮茶的方式、特点各不相同，大约可分为唐前煮茶、唐代烹茶、宋代点茶、明清泡茶四种。

1. 唐前煮茶　唐代以前，人们采用的饮茶方式主要是羹煮，即将采摘的茶叶直接投入釜中煮制成汤，必要时辅以葱姜等调味品。用这种方式制成的食物被称为茶羹、茶汤。关于中国饮茶习俗的确切起源时间，目前学界尚未有统一的说法。但至迟在两汉时期，煮饮茶叶已成为日常生活中的一部分。

西汉王褒所纂的《僮约》中，已经有"烹茶尽具""武阳买茶"的条款。晋人郭璞为儒家典籍《尔雅》作注时也云，"可煮作羹饮"。以上都是当时茶饮衍生的有力证据。

三国到南北朝，随着佛教在中国的传播和兴盛，寺僧和士大夫之流饮茶逐渐普遍。"芳茶冠六情，溢味播九区。人生苟安乐，兹土聊可娱。"（晋代张载的《登成都楼》）便是对当时饮茶之风的生动描述。

2. 唐代烹茶　中国茶史上，历来有"茶兴于唐，盛于宋"的说法。茶圣陆羽在《茶经》中提到，"饮有粗茶、散茶、末茶、饼茶者"，说的是唐代的茶叶有粗茶、散茶、末茶、饼茶四种。唐代中叶以后最为盛行的饮茶之法——煎茶，用的即是饼茶。饼茶须经炙、碾、罗三道工序，即先将茶饼复烘干燥，称为"炙茶"；待冷却后将茶饼打碎，碾成茶末；继而将碾成粉末状的茶过茶罗，使之更加精细。等到煮水开始沸腾时，将碾好的茶末投入其中，同时不断地加以搅拌，直到茶汤完全沸腾后停止，即可饮用。

3. 宋代点茶　此时饮茶方式发生了新的变化，茶叶虽仍作为茶饼使用，但大多已不再直接用来烹煮，而是用来点茶。点茶，即将饼茶碾碎，再用碾细的茶末投入茶碗，然后注入沸水，用茶筅加以搅拌后饮用。在点茶方式的基础上，宋人创造出了斗茶、分茶、茶百戏等饮茶娱乐方式。

4. 明清泡茶　明代陈师《茶考》中记载："杭俗烹茶，用细茗置茶瓯，以沸汤点之，名为撮泡。"将散茶置入茶碗之中，再用沸水冲泡而成，这种沏茶的方式也是人们常说的泡茶。它不仅使茶的品饮方法趋于简化，更保留了茶自身的清香。

当今，清饮仍是人们饮茶的主要方式。茶叶作为现代健康饮品，仍在不断的发展中。

问题与思考

1. 茶叶的用途有哪些？
2. 茶叶的品饮方式经历了哪些变化？

交流与评价

你了解哪些关于巨峰绿茶的品饮知识？

收获与分享：（做一做）

1. 通过这一节课的学习，你有什么收获？快与其他同学分享吧！
2. 巨峰是如何打造绿茶名片的？结合实际设计制作一张巨峰绿茶名片。

第3课 赞 茶

一字至七字诗·茶
唐 元稹

茶，
香叶，嫩芽。
慕诗客，爱僧家。
碾雕白玉，罗织红纱。
铫煎黄蕊色，碗转麹尘花。
夜后邀陪明月，晨前命对朝霞。
洗尽古今人不倦，将知醉后岂堪夸。

资料链接

元稹（779—831），唐朝大臣、文学家。字微之，别字威明，河南洛阳（今属河南）人。少有才名。诗词成就巨大，言浅意哀，扣人心扉，动人肺腑。现存诗830余首，收录诗赋、诏册、铭谏、论议等共100卷，留世有《元氏长庆集》。

译 文

茶。味香，形美。深受诗客和僧家的爱慕。白玉雕成的碾用来碾茶，红纱制成的茶罗用来筛分。烹茶前先要在铫中煎成黄蕊色，然后盛载碗中的浮饽沫。夜深之后与明月作陪饮茶，早上起来独自面对着朝霞也要饮茶。饮茶能够清除古今人身上的疲倦之感，特别是在醉酒后饮茶效果甚是好。

拓展与创新

这首诗写得很有特点，你能仿照这样的形式写一首茶诗吗？试着写一写。

茶
香葉、嫩芽。
慕詩客、愛僧家。
碾雕白玉、羅織紅紗。
銚煎黃蕊色、碗轉曲塵花。
夜後邀陪明月、晨前命對朝霞。
洗盡古今人不倦、將至醉後豈堪誇。
——元稹——

交流与评价

一字至七字诗，原称"宝塔诗"，也叫"一七体诗"。从一字到七字句，逐句成韵，或叠两句为一韵，很有规律。宝塔诗，杂体诗的一种，是一种摹状而吟、风格独特的诗体。

收获与分享：

读了这首诗，你一定有不少的收获，请你也来夸一夸你心中的"茶"吧。

第 4 课 茶润心灵

问题与思考

你知道日照绿茶的来源吗？它给我们的生活带来了怎样的影响呢？

资料链接

"南茶北引"背后的"功臣"

——牟步善

美丽的"小茶山"

活动广角

了解家乡的过去，感受茶给家乡生活带来的改变，写写自己的感受。

_____
_____
_____

收获与分享：

　　这节课你收获了什么？面对家乡的变化是不是收获了幸福感？把它们说给同学听听吧！

交流与评价

这堂课我的表现：

自己评　☆☆☆☆☆

小组评　☆☆☆☆☆

老师评　☆☆☆☆☆

第5课　中国画里的茶文化

　　茶与绘画有着密切的关联，喝茶讲究人品的高洁，天人合一为茶人的最高境界，而绘画亦讲求人品的修为。

会茗图(中国画)　张萱(传)[唐代]

会茗图　局部

　　从《会茗图》可以看出，茶汤是煮好后放到桌上的，之前备茶、炙茶、碾茶、煎水、投茶、煮茶等程序应该由侍女们在另外的场所完成；饮茶时用长柄茶勺将茶汤从茶釜盛出，舀入茶盏饮用。茶盏为碗状，有圈足，便于把持。可以说这是典型的"煎茶法"场景的部分重现，也是晚唐宫廷中茶事昌盛的佐证之一。

学习要求：

欣赏：有关茶的中国画。

思考：中国画除了美观还有什么作用？

交流：你最喜欢哪一幅中国"茶"画？为什么？

事茗图（中国画）　唐伯虎［明代］

第6课　头腔共鸣的重要性

　　呜母音状态　歌唱的共鸣是非常重要的，而头腔共鸣尤其重要。要想得到充分的头腔共鸣，最便捷的方法是借助于呜母音。呜母音是使声音通向头腔的最容易的母音。呜母音上部的空间感，就是头腔的位置。唱呜母音时，小舌头和软腭都是拉起来的，把声音唱到它们后边即可通向头腔。呜母音是意大利的声柱，学好了它，其他的母音也就好找了。最常用的母音是呜、啊、噫，呜有向上发挥的本能，啊有向下发挥的本能，咦有向前发挥的本能。在教学过程当中，教师一定要坚持自己的观念，能用呜带啊，用呜形成腔体状态，用啊拓展声音宽厚，用噫形成声音的色彩。

　　这三个原则要贯穿教学过程始终，学生的任何问题的解决都是从这三个方面入手的，三者在教学过程中密不可分，切忌单打一，否则就不会形成完美的歌唱。

练声曲：

高年级

《春风吹吹》

1=D 3/4　4/4

5 5　5　3 0 | 5 5　5　3 0 | 5 6　6 5　5 3　3 1 | 2 2　5　3 | 5 5　5　3 0 | 5 6 6 5
春风 吹 吹，春风 吹 吹，吹吹 小草 小草 长得　多么 青翠，春风吹 吹，吹吹果树

5 3 3 1 | 2 2 5 1 —　　｛ 6 — 4 6 | 5 — — — | 4 — 2 4 | 3 — — — :‖
果树开出朵朵花蕾。　　　　啊，　　　　　　　　啊！

　　　　　　　　　　　　　4 — 2 4 | 3 — — — | 2 — 7 2 | 1 — — — :‖

```
5 5 5 3 0 | 4 4 4 2 0 | 1 2 3 4 5 6 5 4 | 3 2 3 1 —  ‖
吹吹山呀， 吹吹水呀， 山山水水就像图画 一样 美。

3 3 3 1 0 | 2 2 2 7 0 | 1 2 3 1 3 4 3 2 | 1 7 1 — ‖
```

说明：高位置演唱，做到二声部和谐、音色统一。

谱例及训练要领：

蝴 蝶 泉 边

1=C 4/4 ♩=73　　　　　　　（MSAB）　　　　　　吉岛少年合唱团

```
①
旋律   | 3 5  5 6 5  3 2 1  6 1· | 3 1  1 6 5  1 2  3 2· |
         我看 到满片 花儿的 开放    隐隐 约约有 声  歌唱

高声部 | 0   —   —   —   | 0   —   —   —   |

中声部 | 0   —   —   —   | 0   —   —   —   |

低声部 | 0   —   —   —   | 0   —   —   —   |
```

```
③
       | 3 5  5 6 5  3 2 1  6 2 1 | 3 1  1 6 5  1 2 1  1 0 | 6 1  1 2 1  6 5 3  5 1 |
         开出 它最灿 烂笑的 模样     要比 那日光 还要亮     荡漾 着清澄 流水的 泉啊

       | 3 5  5 6 5  3 3 3  3 5· | 5 3  3 2 1  3 4 3  3 0 | 6  —  5  —  |
         开出 它最灿 烂笑的 模样     要比 那日光 还要亮     wu...

       | 1 1  1 1 2  3 2 1  6 2 1 | 3 1  1 6 5  1 2 1  1 0 | 4  —  3  —  |
         开出 它最灿 烂笑的 模样     要比 那日光 还要亮     wu...

       | 0   —   —   —   | 0   —   —   —   | 0   —   —   —   |
```

六年级（上册）

1=D

注释：这首歌曲的训练是要突出在弱拍进入歌曲，训练学生在弱起进入歌曲的能力，歌曲旋律欢快，旋律中多次出现前八后十六分音符和前十六后八分音符，为整首歌曲欢快的情绪做了渲染。结束句的唱法，教学时应突出的是吐字要清晰和四拍子的节奏要唱准。

演唱台

通过今天的学习，你对所学歌曲掌握得怎样？请大声唱出来和我们分享一下吧！

第7课 前 踢 腿

技能学习

音乐四四拍

[前奏]准备动作:"仰卧正步位绷脚",双臂举至头上方与肩同宽,头对7点(见场记九)。右"前中吸腿",还原成"正步位"。

[2]右"前踢腿",落下。

[5]—[8]同[1]至[4]动作。

第二遍音乐

[1]—[2]静止。

[3]—[4]同[1]至[2]动作。

[5]—[8]向左"转体",同[1]至[4]动作。

[结束句]"绷脚前压腿"。

舞蹈组合学习

舞蹈组合《美丽巨峰茶飘香》

注意事项

第一,"前踢腿"时脚背为主动力,膝盖要拉直不要放松,绷脚趾。

第二,"主力腿"不要随"动力腿"弯膝、抬胯,要压在地面上,固定不动。

第三,落脚时要轻,不要摔在地板上。

第四,"勾脚前压腿"时,后背不要弯。可用手掌握脚跟,以加强动力。

第五,"转体"时,臂、肩、骨盆、腿同时转动不可有先后。

教师在教授这个动作时,一定要使学生按照"踢腿"要领去做,以免将来站立做"踢腿"时出现毛病。开始"踢腿"时不要强调高度。这样,一方面动力腿易于按规格完成,另一方面也可以避免主力腿难以控制。

舞蹈鉴赏

欣赏茶舞蒙古族《捣茶舞》,了解南北茶舞的差异。

第8课　巨峰绿茶的线上销售

在淘宝平台上输入"日照巨峰绿茶",会有什么结果?

学习目标

1. 了解巨峰绿茶的线上销售情况,了解主要的销售平台,为巨峰绿茶设计网络销售标语。
2. 学习开一个绿茶销售网店。
3. 培养热爱绿茶、热爱家乡的情感,养成爱动手的好习惯。

网络调查

在当前的各大网络购物平台上搜索一下"日照巨峰绿茶",调查一下日照巨峰绿茶的线上网店销售情况。

购物平台	销 售 情 况
淘宝	
京东	
拼多多	
土购网	
农副产品交易平台	
其他销售形式	

这几年互联网蓬勃发展,淘宝直播销售速度异常惊人。随着微信的广泛应用,人们又兴起了微信微店、微信群拼单、朋友圈直播等各种销售形式,这些新型的销售形式促进了巨峰绿茶的销售。

小小设计师

请你为巨峰绿茶设计一款网络宣传标语,可写可画。

第9课 优雅的品茶艺术——绿茶的冲泡

中国人之所以把品茗看成艺术，就在于在烹点、礼节、环境等各处无不讲究协调，不同的饮茶方法和环境、地点都要有和谐的美学意境。

问题与思考

你是如何泡茶的？品茗分为哪几个步骤？

交流分享

第一道　净手和欣赏器具

也就是洗手，喝茶卫生很重要，先看茶荷，请来宾赏茶，然后是赏具——景德镇的瓷器或宜兴的紫砂壶为上，这都是为了喝茶前拥有轻松心情而做的准备。

第二道　烫杯温壶

就是把茶叶器具都用开水冲洗一次，目的也是为了卫生清洁，同时给茶具预热，这样出来的茶的味道更香，闻香杯、品茗杯中，也有朋友说这叫洁具提温。

将沸水倾入紫砂壶、公道杯、

第三道　蛟龙入宫

把茶叶放到器具里，也就是把茶叶放到茶壶里，名字叫得好听，但程序简单，表演可以适当加入花式，更具有茶韵。

第四道　洗茶

将沸水倒入壶中，让水和茶叶适当接触，然后又迅速倒出。目的是为了把茶叶表面的不清洁物质去掉，还有就是把没炒制好的茶叶过滤掉。

第五道　冲泡

把沸水再次倒入壶中，倒水过程中壶嘴"点头"三次，别一次把壶倒满，茶道的程序其实也只是好看而已，只有这步才是平时大家常用的，表演上有即所谓"凤凰三点头",向客人示敬。

第六道 春风拂面

完全是表现技巧美观需求,水要高出壶口,用壶盖拂去茶沫儿,把浮在上面的茶叶去掉,为的是只喝茶水不要让上面浮的茶叶到口中。

第七道 封壶

盖上壶盖,保存茶壶里茶叶冲泡出来的香气,用沸水遍浇壶身也是这个目的。

第八道 分杯

准备喝茶开始的步骤,用茶夹将闻香杯、品茗杯分组,放在茶托上,方便加茶。

第九道 玉液回壶

轻轻将壶中茶水倒入公道杯,使每个人都能品到色、香、味一致的茶。给人精神上的享受和感官上的刺激,简单点说就是给客人每人一杯茶。

第十道 分壶

然后将茶汤分别倒入每个客人的闻香杯,茶道的程序茶斟七分满,表示对客人的尊敬。

第十一道 奉茶

把杯子双手送到客人面前注意倒茶礼仪,以茶奉客的中国古代礼仪之本。

第十二道 闻香

这个是客人开始独自感悟的步骤,客人将茶汤倒入品茶杯,轻嗅闻杯中的余香,最好能有陶醉状,表示对主人茶的欣赏和赞叹。

第十三道 品茗

品味茶中滋味。

收获与分享:

说一说:优雅的泡茶可以分为哪几道?

学一学:回家给父母泡一杯茶。

第10课 茶 之 情

资料链接

一片树叶落入水中，改变了水的味道，从此有了茶。它带着满身芬芳从久远前走来，凝聚天地精华，在水中重生，在舌尖绽放，在心底氤氲，让我们感受到一个生命对另一个生命全然的陪伴，如此无私。感恩从一杯茶开始。

问题与思考

香九龄，能温席，孝于亲，所当执。讲了一个什么故事呢？

百善孝为先，而茶道则以"和"为最高境界，反映了中国人重和睦、尊亲长的传统。古往今来，一直有晚辈给长辈敬茶的礼仪，一盏茶，包含了太多的亲情与感恩。事实上，早于西汉时期，茶道与孝道即有了文化交集。唐朝刘贞亮赞美"茶有十德"，认为饮茶除了可健身外，还能"以茶表敬意"。

> 我的好妈妈，
> 下班回到家。
> 劳动了一天，
> 多么辛苦呀。
> 妈妈妈妈快坐下，
> 妈妈妈妈快坐下，
> 请喝一杯茶，
> 让我亲亲你吧，
> 让我亲亲你吧，
> 我的好妈妈。

中国作为文明古国，礼仪之邦，非常注重礼节。"以茶待客"，历来是有数千年文明史的礼仪之邦——中国最普及、最具平民性的日常生活礼仪。

茶，是我们的国饮，传承数千年的礼仪文化传统在茶的本身得到了充分的展现，而以茶为国礼不仅展现了对客人的友好真诚，还向世界展示了中国的茶文化。

交流与评价

同学们，你知道哪些与茶有关的感人故事，快来分享一下吧！

想一想

用心去沏一杯茶，送给_____

用爱去沏一杯茶，送给_____

用情去沏一杯茶，送给_____

收获与分享：

　　古人云：茶生于天地之间，采天地之灵气，吸日月之精华。茶里藏河，茶中有山。有人说：茶里有季节，泡着一个夏、卧着一个秋、藏着一个冬、孕着一个春，天天喝茶品尽四季，你从茶里品到了什么？与大家分享一下吧！

_____

_____

六年级(下册)

第1课 展望——北国茶乡发展现状及前景

孩子们，上一节课我们学习了南茶北引的历史，经历了40余年的发展，扎根于我们美丽家乡的茶有了怎样的发展和变化呢？这一节课，让我们一同深入了解家乡茶产业的发展现状，一同展望美好的未来。

> **问题与思考**
>
> 我们的家乡以茶产业远近闻名，近几年你观察到我们的家乡有些变化呢？

一、巨峰镇绿茶产业发展现状

经过40多年发展，岚山区巨峰镇截至目前茶园发展到8万亩(其中野山茶1万亩)，年产干茶4500吨，产值4.6亿元，茶叶加工企业204家，年加工增值10.8亿元；巨峰镇还是全国最大的冬茶生产基地和有机无公害绿茶基地，被誉为"江北绿茶第一镇"，先后被评为省级农业特色产业镇、全国"一村一品"特色示范镇、国家级特色小镇。

通过政策引导、强力招商，巨峰镇先后培育了御园春、淞晨、碧波等一批茶叶龙头企业，目前，全镇茶产业有省级农业龙头企业6家，国家级茶叶专业合作社3家，省级示范合作社10家，各类合作社共带动茶农就业4万余人。目前，巨峰茶已形成了"春绿、夏红、秋乌龙"的茶品生产格局，圣谷山的黑茶也试制成功，市场好评度高、经济效益良好。

巨峰镇鼓励茶企走有机、绿色、无公害的品牌发展之路。目前，巨峰镇有山东名茶3个、山东著名商标10个、山东名牌产品9个、山东知名品牌3个、山东知名茶叶经销店1个，巨峰本地绿茶先后获得"中茶杯""觉农杯"等省以上名茶评比奖项86项，巨峰绿茶已经成为"日照绿茶"的代表之作。

自2012年起，本地政府一方面兴建了西赵、后黄埠、薄家口、后崖下等6处绿茶鲜叶交易市场，另一方面将干茶交易中心"日照茶都"纳入建设日程，巨峰镇抓住"互联网+"的发展机遇，积极与国内的各大电商平台开展合作，大力发展绿茶线上交易。茶叶线上月销售额已达200余万元。

问题与思考

以你对高新科技发展的理解，说一说我们家乡的茶产业有哪些？

二、巨峰镇绿茶发展前景展望

随着茶文化日渐崛起，茶叶市场越来越大。国内、国际绿茶消费市场潜力巨大，绿茶行业面临良好的发展契机。巨峰绿茶将通过向高质化、有机化的转型，获得更高的综合效益。

建设蓝色经济区是我国第一个以海洋经济为主题的区域发展战略，日照区域涵盖在内，日照市委、市政府把日照绿茶确立为日照市城市名片之一，打造"北方绿茶之乡"，围绕日照旅游业的发展，进一步探讨一条与旅游协调一致共同发展的全方位发展战略道路。

在此机遇背景下,巨峰镇遵循"绿茶+旅游"的思路,大力促进旅游产业发展、提升绿茶产业内涵。随着"百里绿茶长廊"的开通,茶盐古道田园综合体旅游品牌也树立起来,以盐茶古道依次连接"茶香慢城美丽乡村片区、后山旺小茶山文旅综合体、后崖下茶叶示范园区、薄家口茶叶加工示范区、邵家府美丽乡村样板、甲子山万亩野山茶基地和大河岭林水会战片区"七大特色发展区,每年将带动旅游人数达80万人次,实现旅游业总收入超过6亿元,实现税收280万元。同时结合其他特色产业捆绑式开发相关旅游产品,带动区域经济协调发展。

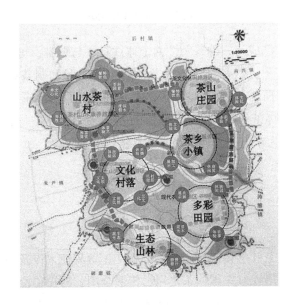

日照市政府陆续出台保障、鼓励茶叶产业发展的政策法规,并组建专门联合办公室扶持日照绿茶产业发展。从企业年检、商标保护、融资、税务、人员培训、结构调整等方面扶持优惠政策。对推动农村茶产业经济发展,保护茶农利益,进一步加快茶叶区域品牌建设奠定了坚实基础。

随着各项举措的推进,巨峰绿茶产业获得更加长远的发展,"巨峰绿茶"这张闪亮的名片将更加熠熠生辉。

收获与分享:

你能为巨峰绿茶的发展提出哪些建议呢?

第2课　茶叶发展史——从中国走向世界

东方送给西方的礼物

在当今世界，茶叶已成为一种普及性的全球饮料，与咖啡、可可并称三大饮料，而且在三大饮料中独占鳌头，这是经过历代劳动者生产实践和制茶技术的广泛传播的结果，是中国对世界文明所作出的一大杰出贡献。伦敦医药协会前主席杰鲍勒爵士，在1915年4月出版的纽约《茶与咖啡》贸易杂志中说："欧洲若无茶与咖啡之传入，必饮酒至死。"他认为"茶无疑为东方赠与西方最有利之礼物"。

资料链接

茶香万里

中国茶香飘万里。茶叶的传播与政治经济和文化贸易往来以及地理环境条件有着密切的关系。据记载，在唐代，中国饮茶之风已传遍全国，阿拉伯商船常来中国，海员得知饮茶可防治疾病，视茶如灵丹妙药，把茶传至波斯。唐宋时期，日本僧侣常来我国学习佛经，回国后将中国的饮茶方法和茶树栽培术加以推广。1610年，荷兰人首次从我国澳门把茶叶运到爪哇转运西欧。1635年，英国东印度公司开始直接从中国购买茶叶，除供给国内消费外，还转运到美洲殖民地，从此，中国茶叶大批涌入欧美各国。因此，世界上许多国家"茶"的名称，都是从我国人民称呼的"茶"或"茶叶"的音译过去的。英国和美国的"Tea"（茶）字，是由厦门音"茶"（Te）音转变的；日语茶字的书写法就是汉字的"茶"；俄语的"Yau"（茶）字，是由我国北方音"茶叶"两字转变的；茶树最早的学名，即是"中国茶"的意思，这充分说明了中国是"世界茶叶的祖国"，同时这也是中国茶走向世界的一个有力的证据。

资料链接

日本"茶道"源自中国

在国外茶事中，首先要说的自当是日本的"茶道"。

所谓"茶道",顾名思义,就是饮茶的道理、方法及其所应当遵循的规范。茶道作为一种品茶艺术,它逐步渗透到日本人民生活的各个领域。早在唐宋时期,中日两国人民为了促进文化交流,加强两国人民的友谊,就已开始互派留学僧。成都大慈寺的"无相禅茶",是由唐代大慈寺高僧无相禅师创立的一套饮茶规范。千年以降,大慈寺师徒之间代代传承"无相禅茶"。

几百年后,另一位名叫兰溪道隆的僧人,则将无相禅茶传播到了日本。这位生于南宋年间、13岁就在成都大慈寺出家的禅师,是第一位到日本传播禅法的中国僧人,在日本的地位可与唐代高僧鉴真相媲美。

无相禅茶随着道隆在日本弘法的过程,一点一滴渗透进日本禅宗文化之中。如今,日本"无相茶道"的茶礼规范就来源于大慈寺的无相禅茶,而且日本茶道所奉行的"和敬清寂"四字诀,也与兰溪道隆所宣扬的茶礼密切相关——这四个字取自中国刘元甫《茶道清规》。

后来被誉为"日本的陆羽"的荣西禅师则是日本国派往中国宋朝的留学僧,是他学成回国时带回了中国的茶籽,并把中国的茶文化传到了日本。他在回国后于1211年用中国古文和日文两种文字写成了《吃茶养生记》。这部颇有影响的茶叶专著,对茶叶大加赞美,《吃茶养生记》一书从此在日本广泛流传,"不论贵贱,均欲一窥茶之究竟。"从而使中国的茶叶在日本得到了进一步的发展,也为十六世纪日本茶道的形成奠定了基础。

资料链接

借力"一带一路"让中国茶叶走向世界

2015年3月28日,国家发展改革委、外交部、商务部联合发布了《推动共建丝绸之路经济带和21世纪海上丝绸之路的愿景与行动》,将"一带一路"倡议提升到国家战略水平。

自丝绸之路在西汉时期开辟以来,丝与茶始终相伴,风雨同行,历经沧桑,携手共结和平、友谊、合作的纽带,丝绸之路就是茶叶之路。

当前,我国正在着力进行新一轮开放经济格局的调整,建设"一带一路"是实施新一轮开放的重大战略,是中国未来开放开发的又一新的高地,必将为我国茶产业的发展、茶文化的传播带来新的历史发展机遇。

中国茶文化融合了儒、释、道的哲学思想,凝聚了中华民族"天人合一""以和为贵"的优秀文化精髓,有很强的包容性、亲和力和凝聚力。中国茶完全可以利用国际化属性在"一带一路"的建设中发挥不可替代的特殊作用。中国茶文化传播到哪里,中国茶使者就把和平、友谊、合作带到哪里。

问题与思考

1. 为什么说茶是东方送给西方的礼物？
2. 了解"一带一路"给世界带来的巨大意义。

交流与评价

茶对促进世界文明交流的贡献？

收获与分享：

1. 通过这一节课的学习，你有什么收获？快与其他同学分享吧！
2. 畅想未来巨峰茶业的发展前景。

第3课 茶香如歌

七碗茶诗
唐 卢仝

一碗喉吻润,二碗破孤闷。
三碗搜枯肠,唯有文字五千卷。
四碗发轻汗,平生不平事,
　　尽向毛孔散。
五碗肌骨清,六碗通仙灵。
七碗吃不得也,惟觉两腋习习清风生。
蓬莱山,在何处?
玉川子乘此清风欲归去

资料链接

此诗又名《走笔谢孟谏议寄新茶》,孟谏议是卢仝的挚友,孟谏议时任常州刺史,所寄新茶即为进贡朝廷的阳羡茶(宜兴茶)。卢仝为感谢孟谏议寄来的新茶,在饮茶时,快速写下此首致谢茶诗。

译文

喝第一碗茶,唇喉都湿润,喝第二碗去掉了烦闷。第三碗刮干我的胃肠,最后留下的只有文字五千卷。第四碗后发出了轻汗,平生遇见的不平之事,都从毛孔中向外发散。第五碗骨健又兼身清,第六碗好似通了仙灵。第七碗已经吃不得了,只觉得两腋下微风吹拂要飞升。蓬莱山,在何处?我玉川子,要乘此清风飞向仙山去。

交流与评价

生长在茶乡,你一定喝过不少茶。和同学们交流一下你的喝茶感受吧。

配乐朗读

这首古诗洒脱豪放,请你配上音乐,试着读出这样的味道。

第4课　最爱茶乡

> 美文欣赏

家乡的那一片绿

顺着弯弯曲曲的小路，踏着花花绿绿的石子，听着流水的歌唱，一路向北，展现在你面前的是摇晃着小脑袋的一大片绿。也许你要问："那是什么？"我会骄傲地告诉你："那是家乡的茶园。"

你瞧，一排排的茶树排列得整整齐齐，好像布阵排兵。不是吗？它们正如一个个训练有素的士兵，整日整夜地守护着我们整个村庄。

茶，便是我家乡的特产。瞧，它们那苍翠欲滴的嫩芽正随风舞蹈呢！每个小茶芽都是满满的希望——父老乡亲富足幸福的希望。

气候慢慢转暖了，茶芽也如顽皮的孩子一样不再躲藏，笑着跳着从浓密的茶叶中间探出头来，等待勤劳的人们去采摘。妇女们纷纷拿着篮子来到茶园里，一边呼吸着田园里的芬芳空气，一边娴熟地采摘茶芽。夜幕降临，茶叶与妇女们挥手告别，妇女们满载而归，欢笑声伴着流水潺潺回荡在整个村庄。

采了卖，卖了炒；采了卖，卖了炒……

每日夕阳西下时，那夹带着欢声笑语的熙熙攘攘的人群，每每走到街道时，那一阵阵沁人心脾的茶香，就是我们这个小村庄最美丽的名片。

"靠山吃山，靠水吃水。"我们这儿的每户人家差不多都有自己的一块茶地。采茶卖钱，就是我们的生活来源，而品茶喝茶则是我们生活中不可或缺的一部分。不管是农忙时节还是闲暇之余，不论是萍水相逢还是老友重聚，我们这儿的人总是会沏上一壶茶，让茶香氤氲，诉情意绵长。

我爱家乡的那一片绿，更爱家乡勤劳淳朴的人们！

> 小作者简介

《家乡的那一片绿》作者孟令鑫，女，巨峰镇中心小学2013级毕业生。此文荣获第十八届华人作文大赛一等奖，是一篇赞美家乡、感恩家乡的佳作。

收获与分享：

　　你从这篇文章中读懂了什么？说一说文章好在哪里？抄抄优美的句子，写写自己的感受。

_____

_____

我也要来赞美家乡！

第 5 课 中国画——茶

茶与画的故事多,快来学学怎样画!

学生作品

1. 侧峰运笔，画出壶身。2. 添加壶嘴与壶把，壶嘴壶把要平齐。3. 前后空间要有留余。中国画讲究"近低远高"的透视规律。画面有虚实的变化。4. 荔枝用赭石稍加绿色调色，画出类似心脏形。色调浓淡有轻重。画面不可平齐，需要破开画面。丰富桌面的空白。5. 调深曙红加胭脂色点荔枝身上的点，不可点的过于死板，要有立体感。调浓墨画竿。6. 题款盖章。

学习要求：

欣赏：有关茶的中国画。

思考：中国画怎么画茶壶？

尝试：画一幅中国画《茶》。

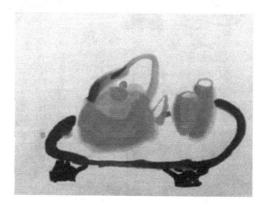

第 6 课　和乐茶音歌声飞扬

练声曲：

高年级

1. 气息练习：

2. 三连音练习：

3. 跳跃练习：

4. 连音练习:

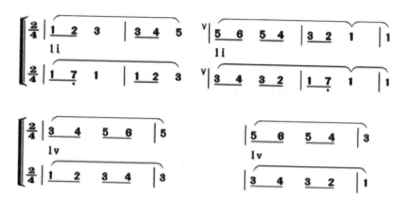

谱例及训练要领:

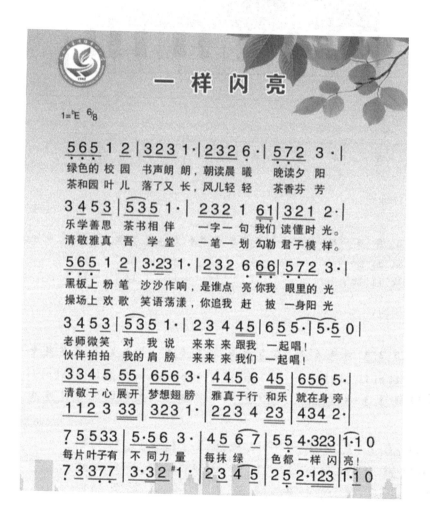

注释：巨峰镇中心小学围绕"以茶立品　和乐共生"的核心理念，培育"清、敬、雅、真"的学校精神，以"茶书相伴　师生共长"为办学宗旨，确立"承茶韵文化，办书香名校"的美丽愿景，培养"文雅、阳光、智慧"的和乐君子。

演唱台

通过今天的学习，你对所学歌曲掌握的怎样？请大声唱出来和我们分享一下吧！

第7课 后 踢 腿

技能学习

音乐四二拍

[前奏]准备动作:"伏卧正步位绷脚",双手抱肘在胸前支撑,身向2点,视2点(见场记十)。

[1]—[2]右"后踢腿"一次。

[3]—[4]左"后踢腿"一次。

[5]—[8]同[1]至[4]动作。

[9]右"后踢腿"一次。

[10]左"后踢腿"一次。

[11]—[16]右、左交替"后踢腿"六次,同[9]至[10]动作。

第二遍音乐

[1]-[8]同第一遍音乐[1]至[8]动作。

[9]-[16]右左交替"后踢腿"十五次,还原成准备位。

[结束句]"跪坐团身"。

舞蹈组合学习

舞蹈剧目《茶叶青青,茶花儿红》

注意事项

第一,"后踢腿"不要弯膝。

第二,"后踢腿"时易踢歪,脚要正对头后方踢。

第三,"后踢腿"时不要掀胯,骨盆平压在地面上。

教师要使学生养成正确"后踢腿"的习惯感觉。许多学生常常养成掀胯和后腿方向不正的毛病。教师可以在教学时让学生互相校正。如果教室中有镜子,可以让学生面对镜子练习，达到自我感觉、自我校正的目的。本课中，"踢腿"同"抬腿"均不能强调高，而首要解决的是腿直，在动作中有拉长腿的意识。

展示台

选择舞蹈《茶叶青青，茶花儿红》中的一小段音乐，自己创编一段舞蹈。

第8课　茶叶的红利

　　小明一家是当地的茶农，今年春天的绿茶收益不错。他家的茶园一天可以出10斤鲜叶，这10斤鲜叶是由两个工人采的，1人1天大约100元工资，大约4斤鲜叶手工炒制一斤茶叶，市场上的春绿茶600元一斤，纯手工炒制一斤茶叶的成本大约150元，卖茶叶的时候包装等销售成本一斤大约100元，小明家卖春茶期间，一天净收益多少钱？

　　茶叶带来的收益，应该怎么计算呢？

学习目标

1. 知道生产茶叶的鲜叶与成品之间的比例关系，理解原料、收益、成本之间的关系。

2. 能够学会计算茶叶收益的方法。

3. 培养准确的数学思维与经济意识。

算一算

> 茶叶收益＝茶叶销售金额－成本
> 成本＝原料成本＋人工费＋销售成本
> 茶叶销售金额＝市场销售金额＋网络销售金额

现在,我们来计算小明家一天的收益大约为多少钱?

第一步:一天生产的绿茶是多少斤?

$$10 \div 4 = 2.5(斤)$$

第二步:这些绿茶能卖多少钱?

$$2.5 \times 600 = 1500(元)$$

第三步:算出收益。

$$1500 - 200 - 2.5 \times 150 - 2.5 \times 100 = 675(元)$$

帮一帮

小明的舅舅开了一家网店专门为小明家在网上销售茶叶,由于网络销售省时、省力,销售的成本价一斤只有20元,舅舅把网上的价格定为一斤纯手工炒制绿茶为550元一斤,这样一来,小明家卖春茶期间,一天净收益多少钱?

第一步:一天生产的绿茶是多少斤?

$$10 \div 4 = 2.5(斤)$$

第二步:这些绿茶能卖多少钱?

$$2.5 \times 550 = 1375(元)$$

第三步:算出收益。

$$1375 - 200 - 2.5 \times 150 - 2.5 \times 20 = 750(元)$$

收获与分享:

通过帮助小明一家计算茶叶的收益,你有什么感想,写一写,分享一下。

_____
_____
_____
_____

第9课 茶艺表演

茶艺表演是在茶艺的基础上产生的，它是通过各种茶叶冲泡技艺的形象演示，科学地、生活化地、艺术地展示泡饮过程，使人们在精心营造的优雅环境氛围中，得到美的享受和情操的熏陶。茶艺表演作为茶文化精神的载体之载体，已经发展成为非同一般表演的艺术形式，受到人们的关注。

问题与思考

你知道茶艺表演包括哪四要素吗？

交流分享

四 要 素

精

对茶的要求。须名茶、特色茶、茶叶干燥、质量上乘。水须好水，茶具质量上乘与茶相配。精，上乘也，沏泡出一杯上等茶汤，令人拍案叫绝。精包括精通、熟练茶艺表演，精通选茶、置具、选水、贮茶、熟练沏泡程序。

清

清包括人、水、环境之清爽，茶可使之清醒头脑，称之谓提神醒脑，在茶艺表演的环境中，很难"清"，但追求"清"，不但茶艺表演者要"清"，通过茶艺表演要让观众有所"清"，即清醒的头脑，有助于人的思维，感受相聚一起享受品茗的不容易。各种素色朴实的茶器，在不知不觉中，拂去人们心灵上的尘埃，心清自然明。

净

包括人、衣着、环境、茶、茶器、水等，人的洁净，如手的洁净、头发的梳理、衣服的清洁整齐，具体要求如手指不应戴戒指，口红、脂粉尽量不要让观众感觉到，手指甲不能搽色彩等。桌椅、板凳无尘埃，场所无杂物、脏物。茶具应洗涤干净，水应干净符合饮用要求，茶叶应干净、无杂物。此外是人思想上、心灵上的净化，无杂念、邪念。

美

美应符合茶道的美,符合观赏美学的要求,符合中国传统文化的审美情趣。如服装合身,衣着得体、大方,环境优美、清爽。如茶艺表演中的礼仪是否美?茶艺表演中的位置、顺序、动作是否美?茶器具是否适配?环境布置选择是否美等等。

收获与分享:

第10课　茶香袅袅润校园

资料链接

茶书相伴：茶立品德，书启智慧，茶书相伴，益德益智。

问题与思考

> 大美巨峰，茶韵悠悠。
> 中心小学，书香浓浓。
> 茶书相伴，师生共长。
> 以茶立品，和乐共生。
> 你喜欢我们的学校吗？

【学校精神】清—敬—雅—真

【校　　训】清敬于心　　雅真于行

【校　　风】健康纯真　　礼敬和美

【教　　风】清心修身　　静心育人

【学　　风】乐学善思　　崇真尚雅

【办学宗旨】茶书相伴　　师生共长

【学校愿景】承茶韵文化　办书香名校

【培养目标】文雅、阳光、智慧的和乐君子

美丽的风景就在我们的身边，校园内有朗朗的读书声，有悦耳的音乐声，还有运动场上热情的呐喊声。路边的每一棵草、每一朵花，它们的茁壮成长，都象征着我们和乐少年顽强拼搏、乐学善思的精神。

赏一赏

校园的一草一木，都是滋养文明的沃土。巨峰中小的和乐少年把文明的种子，遍撒校园的每一寸热土。

校园风景美如画,你了解每一处风景的独特蕴含吗?

和乐广场:取自学校"以茶立品　和乐共生"核心理念。

清敬楼:取自校训关键词"清敬于心",寓意清廉、恭敬。

雅真楼:取自校训关键词"雅真于行",寓意文雅、求真。

知行楼:"知是行的主意,行是知的工夫。知是行之始,行是知之成。"知行楼,即可以寓意实验楼的知行合一精神。

甘香楼:茶有八德——康、乐、甘、香、和、清、敬、美。于味蕾而言,最美莫过甘香。

茶韵园:以"茶"为主题布置设计园区景观小品,突出茶品、茶德等文化元素。体现学校"承茶韵文化"的发展愿景。

收获与分享:

我能为学校做点什么?

_____

_____